SPSSで学ぶ
ベイズ統計
入門

清水優菜・山本 光 著

東京図書

本書では IBM SPSS Statistics 28 で動作確認しています。
SPSS 製品に関する問合せ先：
〒 103−8510　東京都中央区日本橋箱崎町 19−21
日本アイ・ビー・エム株式会社　クラウド事業部 SPSS 営業部
Tel. 03−5643−5500　Fax. 03−3662−7461
URL https://www.ibm.com/jp-ja/analytics/spss-statistics-software

本書で使用しているデータは、東京図書 Web サイト（http://www.tokyo-tosho.co.jp）
の本書紹介ページからダウンロードすることができます.

まえがき

近年、コンピュータの性能の向上、社会科学研究の再現性問題、p値ハッキングなどを背景として、ベイズ法による分析に脚光が集まっています。その中で、ベイズ法による分析をしてみたい（あるいは、せざるを得ない）方々が一定数いるのではないでしょうか。ベイズ法による分析を行うことができる代表的な統計ソフトウェアとして、R、JAGS、Stanがあります。これらの統計ソフトウェアはいずれもCUIの統計ソフトウェアであり、自由かつ多様なベイズ法による分析が可能です。しかし、いずれも分析のためにコードを書く必要があり、初学者にとって学習コストが高いものです。

初学者であっても容易にベイズ法による分析を行うことができる統計ソフトウェアの1つとして、SPSSがあります。SPSSでは、コードを書くことなく、マウス操作によって基礎的なベイズ法による分析を行うことができます。R、JAGS、Stanと比べて自由かつ多様なベイズ法による分析という点でSPSSは劣りますが、基礎的なベイズ法による分析を容易に行うという点でSPSSは優れています。ただし、ベイズ法による分析に関する書籍やWeb記事は、R、JAGS、Stanに関するものがほとんどで、SPSSを取り上げたものは数少ない現状です。

そこで、本書は、これからはじめてベイズ法による分析を行ってみたい（あるいは、行わざるを得ない）大学生、大学院生、研究者、社会人を対象として、SPSSにてベイズ法による分析を行う方法をまとめました。初学者を対象とするので、本書では数式を必要最小限にとどめ、平易な言葉にて分析と関連する概念を理解できるようにしました。さらに、本書は分析オプションや得られた結果の報告方法についてもわかりやすくまとめました。そのため、研究や仕事のために、基礎的なベイズ法による分析をSPSSで実行することだけではなく、得られた結果を報告することまで本書は手助けとなるでしょう。

本書の構成を示すと、次のようになります。

第１章から第４章ではベイズ法による分析の基礎概念について説明します。第１章では、データの種類と基本統計量の概要とSPSSでの求め方を説明します。第２章では、推測統計の基礎をなす確率について説明します。ここで取り上げる代表的な確率分布は、ベイズ法による分析の事前分布と事後分布に関わるため、その概要を把握することが重要です。第３章では、推測統計の主たる方法である統計的推定と統計的仮説検定について説明します。第４章では、ベイズ法による分析の根幹をなすベイズの定理、ベイズ法による分析による統計的推定と統計的仮説検定について説明します。これらの章は、統計学やベイズ法による分析の基礎的な概念を学習済みである人は読み飛ばしても問題ありません。

第５章から第14章ではSPSSで実行可能なベイズ法による分析について説明します。第５章から第７章では、データから推測されるパラメータとすでに明らかになっている、あるいは比較したいパラメータが異なるかを検討する１標本の母比率・母欠点数・母平均の検定について説明します。第８章と第９章では、２つのグループや条件から得られた推測される母平均の差を検討する２標本の母平均の検定について説明します。第10章と第11章では、３つ以上のグループや条件から得られた推測される母平均の差を検討する分散分析について説明します。第12章と第13章では、２つ以上の量的データの関連を検討する相関分析と回帰分析について説明します。第14章では、２つの質的データの連関を検討する対数線型モデルについて学習します。これらの章では、分析の主要な概念、SPSSでの分析方法、得られた結果の報告方法の順で説明しています。説明に用いたデータセットを公開しているので、自分で実際に手を動かしながら分析してみるとよいでしょう。

最後に本書をきっかけとして、１人でも多くの方々が研究や仕事においてベイズ法による分析を行うことができるようになることを期待しています。

目　　次

第1章

データの種類と基本統計量

データの種類と特徴に関する指標である基本統計量について学習します。

キーワード：名義・順序・間隔・比率データ、基本統計量、代表値、散布度

1.1　データの種類

1.1.1　名義・順序・間隔・比率データ

そもそもデータ（data）とは物事の推論と基礎となる事実、またはその参考になる資料や情報のことであり、自分が興味のあるテーマや研究仮説を検証するために収集されるものです。data とは datum の複数形であることから、1つではなくなるべく多くの事実や資料、情報を指していることがわかります。以下では、データの分析方法の前に、データにはいろいろな種類があり、その特徴に応じて分析する必要があることを説明します。

データはその計り方の尺度（ものさし・基準）によって、名義データ、順序データ、間隔データ、比率データに分けられます。それぞれのデータの特徴は次の通りです。

(1) 名義データ

性別や血液型、グループ名、学生番号などのように、物事のカテゴリーを区別するために用いられるデータのことです。また、

● A 型を 1、B 型を 2、O 型を 3、AB 型を 4 とコード化したデータ
● X を持っている人を 1、持っていない人を 0 とコード化したデータ

も名義データとして考えます。

名義データでは加減乗除（たし算・ひき算・かけ算・わり算）といった計算に意味がないことに注意しましょう。前者の例にて、「A 型が 5 人、B 型が 1 人、O 型が 2 人、AB 型が 2 人いるので、その平均は（5 × 1 + 1 × 2 + 2 × 3 + 2 × 4）／ 10＝2.1 となる」としたところで、この 2.1 は何かを意味するものではありません。名義データの場合には「A 型が 5 人、B 型が 1 人、O 型が 2 人、AB 型が 2 人」や「A 型の 5 人で最も多い」のように、それぞれのカテゴリーに含まれる人数や頻度を数えることや、最も多いあるいは少ないカテゴリーを検討することが重要です。

(2) 順序データ

オリンピックでの順位や地震の震度、「好き－普通－嫌い」のようなアンケートの回答のように、データの順位や大小関係を区別するために用いられるデータのことです。順序データでは大小比較に意味がありますが、名義データと同じように加減乗除といった計算に意味がないことに注意しましょう。例えば、「オリンピックの 3 位は 1 位よりも競技成績が悪かった」とはいえますが、「3 位は 1 位よりも 1 × 3 ＝ 3 倍競技成績が悪かった」や「3 位は 1 位と 2 位が合わさった成績」とはいえません。

(3) 間隔データ

摂氏温度や西暦のように、目盛りが等間隔である（と想定されている）ものの、0 や比には意味のないデータのことです。例えば、摂氏温度が「10℃から 20℃」と「90℃から 100℃」に上がる場合ではどちらとも「摂氏温度が 10 度上がった」といえますが、「10℃の 2 倍の摂氏温度は 20℃である」とはいえません。さらに、「摂氏温度が 0 ℃なので、温度は存在しない（温度がなくなる）」ともいえません。それゆえ、間隔データでは加減（たし算・引き算）のみを行うことができます。

なお、「そう思う－ややそう思う－あまりそう思わない－そう思わない」のような左右対称の質問紙項目は一見すると順序データですが、その数理的な性質から選択肢が 4 つ以上の場合（4 件法以上）には間隔データとして扱っても問題ないことが知られています。

(4) 比率データ

長さや重さといった物理量のように、目盛りが等間隔である(と想定されている)と同時に、原点としての0に意味があるデータのことです。例えば、「3.0 m は 1.5 m の2倍である」や「0 m は長さがないことを意味する」といえます。そして、比率データでは加減乗除すべての計算を行うことができます。

データの種類	具体例	計数	大小比較	加減	乗除
名義データ	性別　血液型	○	×	×	×
順序データ	順位　地震の震度	○	○	×	×
間隔データ	摂氏温度　西暦 4件法以上の質問紙項目	○	○	○	×
比率データ	長さ　重さ	○	○	○	○

1.1.2 量的・質的データ

また、データは**量的データ**と**質的データ**という分け方がされることも多いです。量的データとは間隔データと比率データのことであり、何らかの計算ができるデータです。一方、質的データとは名義データと順序データのことであり、加減乗除の計算ができないデータです。

この量的・質的データの違いによって、用いることができる計量的な分析方法の幅が異なることに注意しましょう。当然、質的よりも量的データの方が計量的な分析方法の幅が広いです。質的データにも計量的な分析を行うことができますが、そもそも手法が限定的であることや日本語での解説が少ないことが難点としてあげられます。そのため、質的データを収集した場合には、計量的だけではなく非計量的な分析、とくに質的研究法で紹介されているような分析を行うことも視野に入れるとよいでしょう。

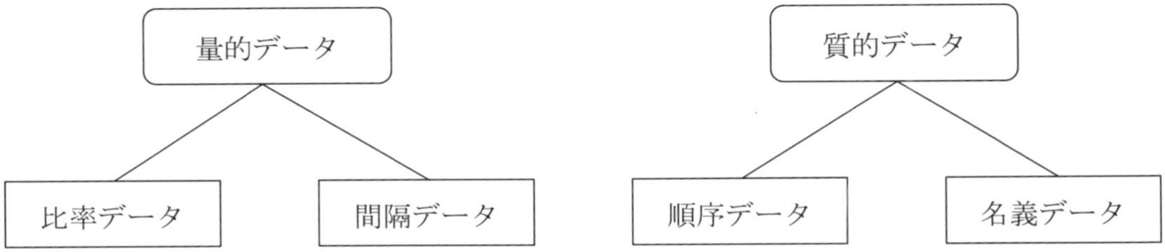

1.2　基本統計量

データ全体を眺めることでその特徴を把握することはデータが少ない場合のみにできることであって､データ数が多い場合には不可能に近いでしょう。データ数が多い場合には､データ全体の特徴を要約して表現することが重要です。このように、データ全体の特徴を要約して表現した指標のことを**基本統計量**といいます。以下では、基本統計量として代表値と散布度、分布に関する指標について説明します。

1.2.1　代表値

代表値とは、その名の通りデータ全体を代表する値のことで、データの中心傾向を示します。よく活用される代表値として､「平均値（mean）」と「中央値（median）」､「最頻値（mode）」があります。

(1)　平均値

データの総和を個数で割った値のことです。n 個のデータ $x_1, x_2, \cdots, x_n$ の平均値 $\bar{x}$ は、

$$\bar{x}=\frac{1}{n}(x_1+x_2+\cdots x_n)=\frac{1}{n}\sum_{i=1}^{n}x_i \tag{1}$$

と表すことができます。

例：ある子ども５人の小テストの点数が

20　30　30　40　50（点）

のとき、その平均値は、

$$\frac{1}{5}(20+30+30+40+50)=34 \text{（点）}$$

平均値はとりわけ活用される代表値ですが、外れ値に弱いという欠点があります。

例：あるパーティーに集まった男性の年齢が

23　24　27　23　25　24　85（歳）

のとき、その平均値は、

$$\frac{1}{7}(23+24+27+23+25+24+85)=33 \text{（歳）}$$

この例では、対象者の多くは20代中盤であり33歳という平均値がこのデータを代表する値とはいえないでしょう。85歳の参加者が外れ値であるため、平均値が高くなってしまいました。このように、外れ値のために平均値が代表値として不適切であることは多々あります。代表値として平均値に着目するのではなく、以下で説明する中央値や最頻値を必ず参照するようにしましょう。

（2）中央値

データを小さいあるいは大きい順に並べた時に、ちょうど真ん中にある値のことです。データが奇数個の場合には並び替えて真ん中にある数をそのまま中央値にします。データが偶数個の場合には真ん中にある値は２つあるので、(1) その２つを中央値にする、(2) その２つの平均値を中央値にするといういずれかの方法をとります。

例：ある店舗のここ６日間の売り上げが、

10　25　30　35　15　10（万円）

のとき、小さい順に並べ替えると、

10　10　15　25　30　35（万円）

となる。よって、その中央値は、

(1) の考え方に従うと、15 と 25（万円)、(2) の考え方に従うと、$\dfrac{15+25}{2}=20$（万円）

例のように、中央値はデータの一部を用いて算出される代表値であるので、平均値と異なり外れ値に強いという特徴があります。

(3) 最頻値

データの中で最も個数が多い値のことです。すべてのデータが異なる場合には、最頻値はなしと考えます。

例：あるお店でのここ７日間のあんぱんの売り上げが、

100　100　95　98　100　98　31（個）

のとき、100 個の日が３日と最も多いので、その最頻値は 100（個）

平均値はすべてのデータの総和を用いているため比率データや間隔データでしか活用できませんが、中央値と最頻値はとりわけ計算をしているわけではないので順序データでも活用できます。また、中央値と同様に、最頻値には外れ値に強いという性質があります。

例：ある選手のここ５大会の戦績が、

1　1　10　3　5（位）

のとき、小さい順に並べ替えると、

1　1　3　5　10（位）

となる。よって、その中央値は３（位)、最頻値は１（位）

1.2.2 散布度

代表値だけではデータの中心傾向しかわからず、データの散らばり具合に関する情報を得ることができません。例えば、テストの点数の平均値が 60 点であったとしても、ほとんどの人が 55 ～ 65 点のテストと、40 点以下と 80 点以上で人が二極化するテストがあります。この２つのテストにおいて、80 点をとることの価値があるのはどちらでしょうか。先に示したような点数の散らばり具合に関する情報がなければ、どちらとも同じ価値を有するものになってしまうでしょう。つまり、80 点であったことの価値を知るには、平均点などの代表値だけではなくその散らばり具合も知る必要があるのです。

そこで、以下ではデータの散らばり具合に関する指標である「**散布度**」について説明します。よく活用される散布度として「範囲（range)」、「四分位数（quartile)」、「偏差（deviation)」、「分散（variance)」、「標準偏差（standard deviation)」があります。

（1）範囲

データの最大値から最小値をひいた値です。

例：ある子ども５人の小テストの点数が

20　30　30　40　50（点）

のとき、最大値が 50、最小値が 20 であるので、その範囲は 50－20＝30（点）

（2）四分位数

データを小さい順に並べた時、下半分（25%）の位置にある数を第１四分位数（25th percentile)、中央値を第２四分位数（50th percentile)、上半分（75%）の位置にある数を第３四分位数（75th percentile）といいます。そして、この３つを合わせて**四分位数**といいます。

また、四分位数を用いた散布度として、**四分位範囲**（quartile range）と**四分位偏差**（quartile deviation）があります。四分位範囲は第３四分位数と第１四分位数の差のことで、データの半分がどの範囲の中にあるのかを示します。四分位偏差は四分位範囲を２で割ったものです。

例：あるパーティーに集まった男性の年齢が

27　27　28　29　25　24　85（歳）

のとき、小さい順に並べると

中央値

24　25　27　㉗　28　29　85

この中央値：第１四分位数　　この中央値：第３四分位数

となる。よって、第１四分位数は 25（歳）、第２四分位数は 27（歳）、第３四分位数は 29

（歳)、四分位範囲は 29 − 25 = 4 （歳)、四分位偏差は 4 ÷ 2 = 2 （歳）

以上で説明した四分位数は、箱ひげ図（Box plot）と呼ばれるグラフを用いて表現されることが多いです。箱ひげ図では、ひげの両端が最小値と最大値、箱の両端が第１四分位数と第３四分位数、箱の中にある線が中央値を表します。

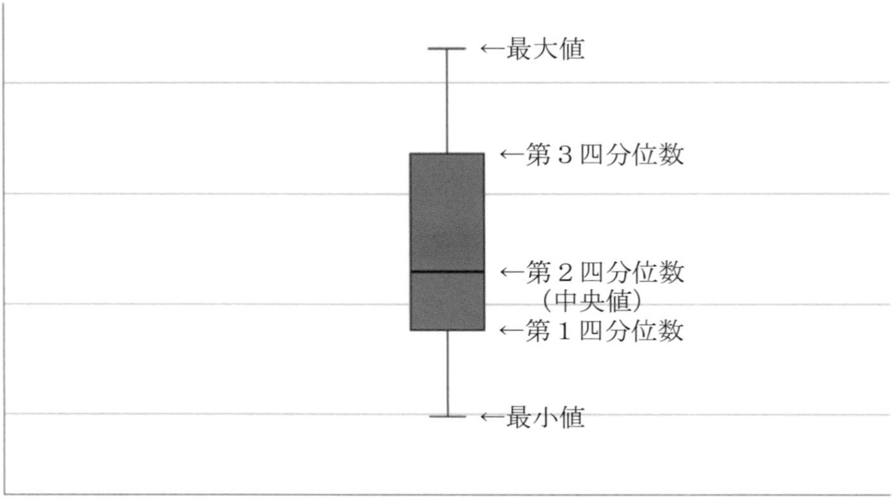

(3) 偏差

データから平均値を引いた数のことです。各データの偏差は、

$$x_i - \bar{x} \tag{2}$$

と表すことができます。なお、偏差の総和は 0 となり、

$$\sum_{i=1}^{n} (x_i - \bar{x}) = 0 \tag{3}$$

と表すことができます。

例：ある子ども５人の小テストの点数が

20　30　30　40　50（点）

のとき、平均値は 34（点）であるので、それぞれの子どもの偏差を表にまとめると次のようになる。

データ	偏差	偏差の２乗
20	−14	196
30	−4	16
30	−4	16
40	+6	36
50	+16	256
総和	0	520

（4）分散

偏差の総和は０になるので、偏差によって各データが平均値からどの程度離れているのかを把握できますが、データ全体の散らばり具合は把握できません。そこで、実数の２乗は必ず正の値になることに着目して、偏差の２乗の平均を散布度の指標として用います。この指標のことを分散といいます。n 個のデータ $x_1, x_2, \cdots, x_n$ の分散 s^2 は、

$$s^2 = \frac{1}{n}\{(x_1-\bar{x})^2+(x_2-\bar{x})^2+\cdots+(x_n-\bar{x})^2\} = \frac{1}{n}\sum_{i=1}^{n}(x_i-\bar{x})^2 \tag{4}$$

と表すことができます。

例：ある子ども５人の小テストの点数が

20　30　30　40　50（点）

のとき、平均値は 34（点）であるので、その分散は、

$$\frac{1}{5}\{(20-34)^2+(30-34)^2+(30-34)^2+(40-34)^2+(50-34)^2\}=104\ （点^2）$$

例の分散は104となりますが、その単位はデータの単位である「点」の2乗となります。このように、分散の単位はデータの単位を2乗したものとなることに注意してください。

(5) 標準偏差

分散の単位はデータの単位を2乗したものになってしまいます。そこで、単位を揃えるために分散の正の平方根を散布度の指標として用います。この指標のことを標準偏差といい、standard deviationの頭文字からSDと表記することが多いです。n個のデータ$x_1, x_2, \cdots, x_n$の標準偏差sは、

$$s=\sqrt{s^2}=\sqrt{\frac{1}{n}\{(x_1-\bar{x})^2+(x_2-\bar{x})^2+\cdots+(x_n-\bar{x})^2\}}=\sqrt{\frac{1}{n}\sum_{i=1}^{n}(x_i-\bar{x})^2} \quad (5)$$

と表すことができます。

> **例**：ある子ども5人の小テストの点数が
>
> 20　30　30　40　50（点）
>
> のとき、平均値は34、分散は104であるので、標準偏差は
>
> $$\sqrt{\frac{1}{5}\{(20-34)^2+(30-34)^2+(30-34)^2+(40-34)^2+(50-34)^2\}}=\sqrt{104}\fallingdotseq 10.20\ （点）$$

1.2.3 分布に関する基本統計量

データの代表値や散布度からはデータの中心傾向や散らばり具合を把握できますが、そもそもデータの分布（広がりの状態）がどうであるかは定かではありません。例えば、テストの点数の平均値が50点、標準偏差が10点であったとしても、データの分布は50点を境にして左右対称であることも40点以下の方に偏っていることもあり得ます。そこで、以下では、データの分布に関する指標として歪度（skewness）と尖度（kurtosis）について説明します。

(1) 歪度

歪度とは分布の歪み具合、つまり分布が平均値から左右対称であるかに関する指標です。

歪度が0の場合には左右対称の分布、正の場合には右裾の長い分布、負の場合には左裾の長い分布となります。なお、n 個のデータ $x_1, x_2, \cdots, x_n$ の平均値を $\bar{x}$、標準偏差を s とすると、歪度は

$$\frac{n}{(n-1)(n-2)}\sum_{i=1}^{n}\left(\frac{x_i-\bar{x}}{s}\right)^3 \tag{6}$$

と定義します。

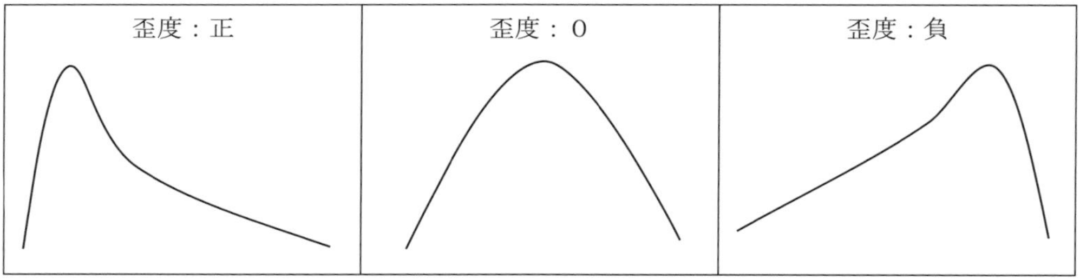

(2) 尖度

尖度とは分布の尖り具合、つまり分布が平均値の周辺に集中しているかに関する指標です。尖度が0の場合には正規分布（2章参照）、正の場合にはデータが平均値の周辺に集中している分布、負の場合にはデータが平均値の周辺に集中していない分布となります。なお、n 個のデータ $x_1, x_2, \cdots, x_n$ の平均値を $\bar{x}$、標準偏差を s とすると、尖度は

$$\frac{n(n+1)}{(n-1)(n-2)(n-3)}\sum_{i=1}^{n}\left(\frac{x_i-\bar{x}}{s}\right)^4-\frac{3(n+1)^2}{(n-2)(n-3)} \tag{7}$$

と定義します。

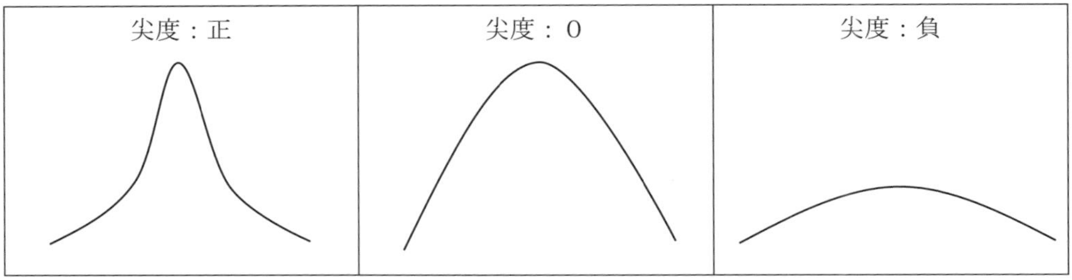

1.2.4　質的データに関する基本統計量

以上で説明した代表値と散布度、歪度、尖度といった基本統計量のほとんどは量的データのみで使用することができますが、質的データで使用することができません。質的データではそのカテゴリーに属する**度数**（人数、頻度）を数えて、そのカテゴリーの割合である**相対度数**を求めることが多いです。ただし、順序データでは中央値や最頻値を求めることができるので、これらを基本統計量として用います。

例：ある選手のここ5大会の戦績が、

1　1　10　3　5（位）

のとき、度数と相対度数をグラフにまとめると、次のようになる。

	度数	相対度数
1位	2	$\frac{2}{5}=0.4$
3位	1	$\frac{1}{5}=0.2$
5位	1	$\frac{1}{5}=0.2$
10位	1	$\frac{1}{5}=0.2$

1.3　SPSSによるデータの読み込みと基本統計量

ここから、SPSSにてExcelファイルのデータを読み込み、基本統計量を求める方法について説明します。今回は［基本統計量.xlsx］というデータを利用します。このデータは、50人の居住地区（A、B、C）と年齢（歳）を表したものです。居住地区と年齢について基本統計量を求めます。

1.3.1　SPSSによるデータの読み込み

Step1 SPSSを起動し、メニューバーから［ファイル］＞［データのインポート］＞［Excel］を選びます。

Step2 読み込むデータのあるフォルダとファイルを選択し、［開く］を押します。

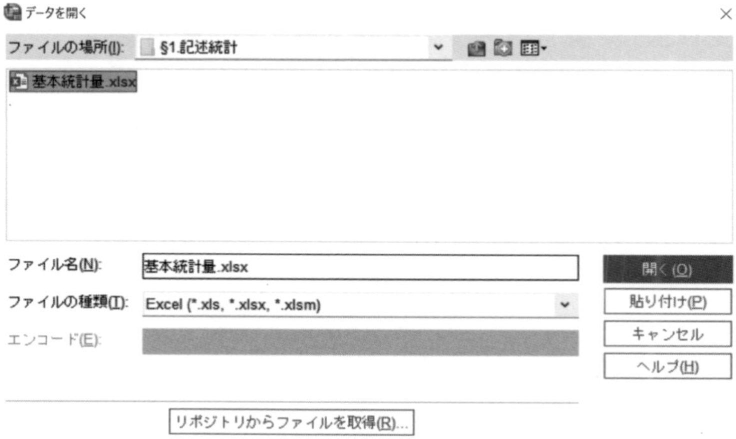

Step3 ワークシートや範囲を変更する場合には、それぞれを指定します。変更しない場合には［OK］を押します。

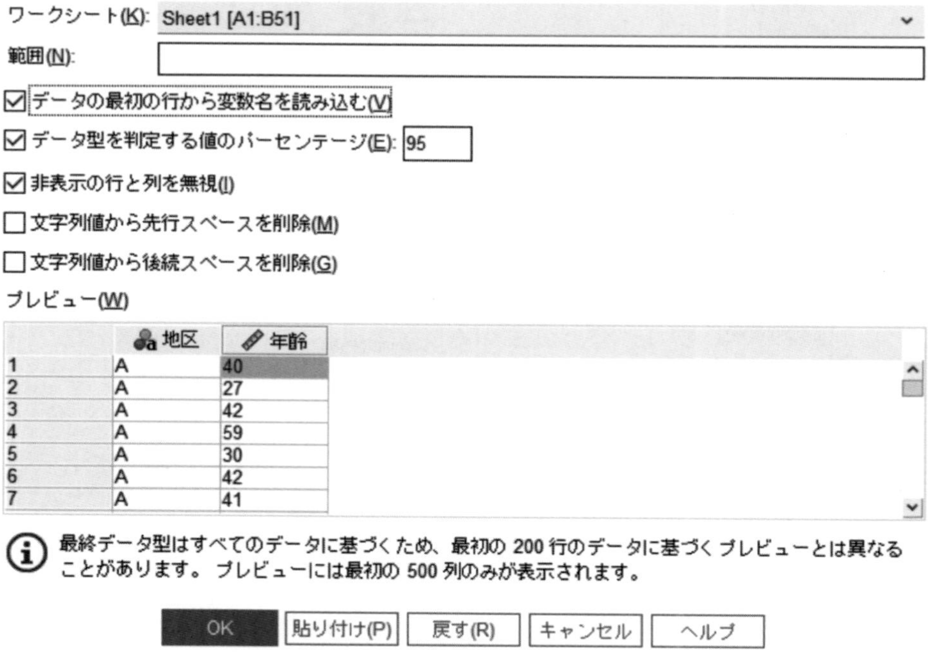

- 範囲を指定する場合には［範囲］にその値を入力します。例えばA1からE20までを指定するには、［A1:E20］と入力してください。
- １行目が変数名ではなくデータである場合には［データの最初の行から変数名を読み込む］のチェックを外してください。

Step4 データビューと変数ビューが出力されます。

データの種類が間違っている場合には、［変数ビュー］の［尺度］から正しい種類を選択しましょう。

【データビュー】

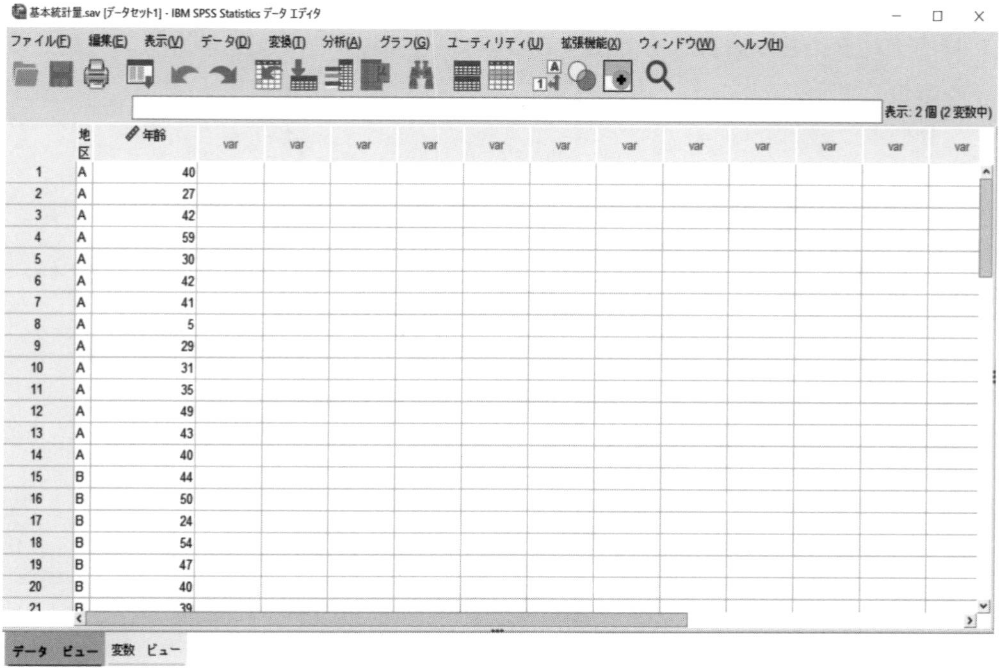

- データに追加や誤りがある場合には、追加や訂正するセルを選択して、データを追加や訂正します。

【変数ビュー】

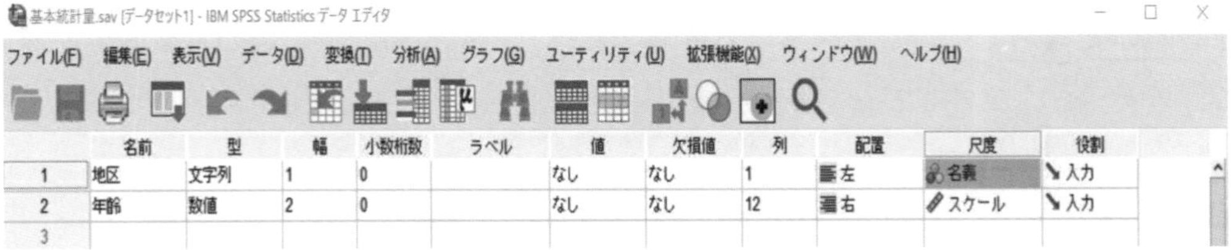

● 変数名を変更する場合には、[名前] に新しい名前を入力します。

1.3.2　SPSS による基本統計量の算出

Step1 量的データの基本統計量を算出するために、[分析] > [記述統計] > [記述統計] を選択します。

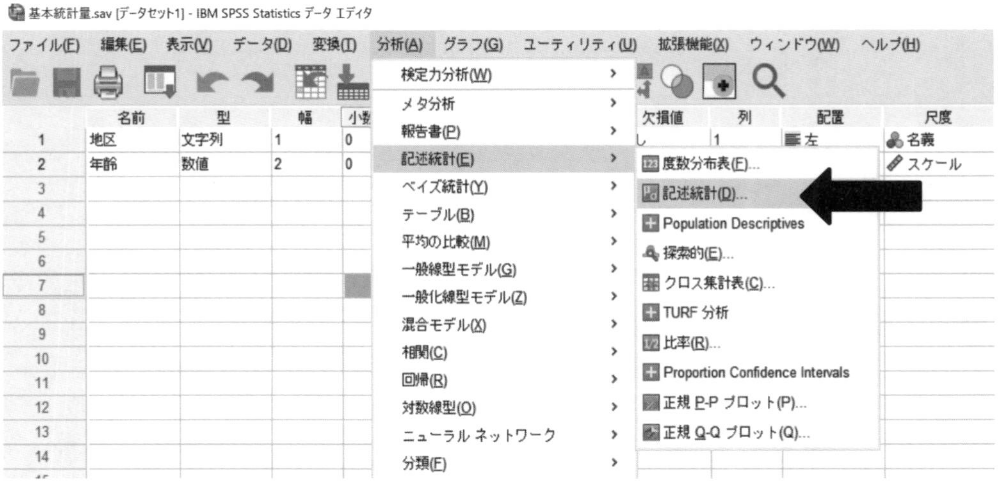

Step2 [記述統計] のダイアログボックスが表示されます。

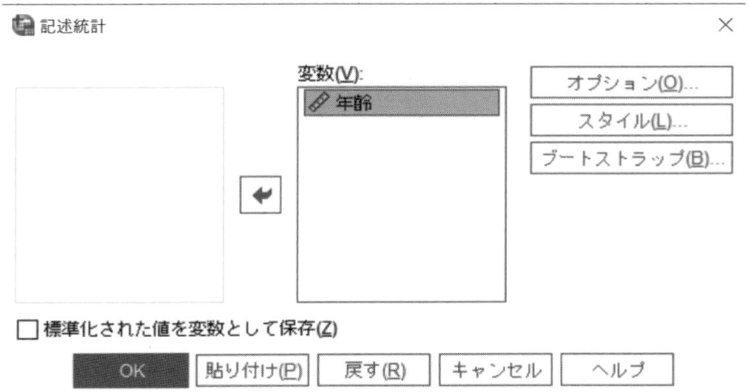

● 左側の変数リストから基本統計量を算出する［年齢］を選択し、で［変数］に投入します。

Step3 算出する基本統計量を指定するために、［オプション］を選びます。

デフォルトでは、平均値、標準偏差、最小値、最大値が指定されています。ここでは、歪度と尖度も選択します。

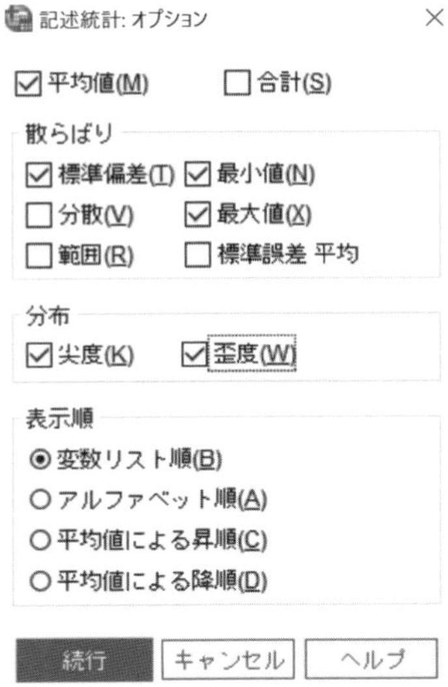

Step4 最後に［OK］を押すと結果が出力されます。

記述統計量

	度数	最小値	最大値	平均値	標準偏差	歪度		尖度	
	統計量	統計量	統計量	統計量	統計量	統計量	標準誤差	統計量	標準誤差
年齢	50	5	60	39.54	12.034	-.449	.337	.286	.662
有効なケースの数 (リストごと)	50								

- 年齢の最小値は5歳、最大値は60歳、平均値は39.54歳、標準偏差は12.034歳という結果が得られました。
- 歪度は-.449と負であるため、左に裾の長い分布、つまり平均年齢である39.54歳より年齢の高い人が多い分布であることがわかります。
- 尖度は.286と正の値であるため、平均年齢である39.54歳の周辺に集中している分布であることがわかります。

1.3.3 SPSSによるグラフの作成

SPSSでは箱ひげ図をはじめとしたグラフを作成することができます。以下では、年齢の箱ひげ図の作成方法について説明します。

Step1［グラフ］＞［レガシーダイアログ］＞［箱ひげ図］を選択します。

● 箱ひげ図だけではなく棒グラフや円グラフなども作成できます。作成したいグラフを［レガシーダイアログ］から選択しましょう。

Step2 グループごとの箱ひげ図を作成する場合には、［グループごとの集計］を選択します。

今回の場合、居住地区ごとの箱ひげ図を作成することができます。居住地区ごとの箱ひげ図を作成してみましょう。そのために、［グループごとの集計］を選択します。

● グループごとの箱ひげ図を作成しない場合には、［変数ごとの集計］を選択します。

Step3［箱ひげ図］のダイアログボックスが表示されます。

● 箱ひげ図を作成する［年齢］を選択し、で［変数］に投入します。また、居住地区ごとの箱ひげ図にするために、［地区］を選択し、で［カテゴリ軸］に投入します。

Step4 最後に［OK］を押すと結果が出力されます。

地区

処理したケースの要約

		ケース					
		有効数		欠損値		合計	
	地区	度数	パーセント	度数	パーセント	度数	パーセント
年齢	A	14	100.0%	0	0.0%	14	100.0%
	B	11	100.0%	0	0.0%	11	100.0%
	C	25	100.0%	0	0.0%	25	100.0%

年齢

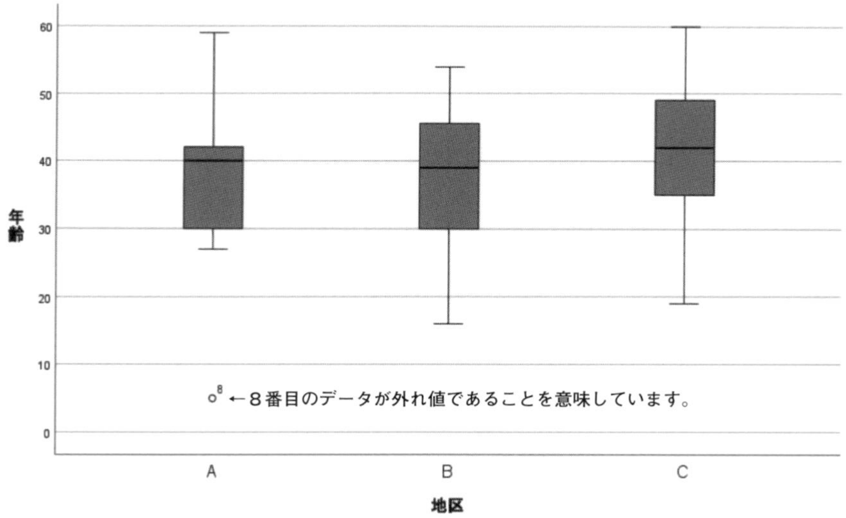

- ［処理したケースの要約］から、分析対象となったデータ数がわかります。今回の場合、居住地区 A が 14 人、居住地区 B が 11 人、居住地区 C が 25 人であることがわかります。
- 最小値は A、最大値は C、第 1 四分位数は C、第 2 四分位数は C、第 3 四分位数は C が大きいことがわかります。

1章のまとめ

■データの種類

- 名義データ：物事のカテゴリーを区別するために用いられるデータのことです。
- 順序データ：データの順位や大小関係を区別するために用いられるデータのことです。
- 間隔データ：目盛りが等間隔である（と想定されている）ものの、0や比には意味のないデータのことです。
- 比率データ：目盛りが等間隔である（と想定されている）と同時に、原点としての0に意味があるデータのことです。

■基本統計量

- 代表値：データ全体を代表する値のことで、データの中心傾向に関する指標です。
  - ▶ 平均値：データの総和を個数で割った値のことです。
  - ▶ 中央値：データを小さいあるいは大きい順に並べた時に、ちょうど真ん中にある値のことです。
  - ▶ 最頻値：データの中で最も個数が多い値のことです。
- 散布度：データの散らばり具合に関する指標です。
  - ▶ 第1四分位数：下半分（25%）の位置にある数のことです。
  - ▶ 第3四分位数：上半分（75%）の位置にある数のことです。
  - ▶ 分散：偏差の2乗の平均のことです。
  - ▶ 標準偏差：分散の正の平方根のことです。
- 歪度：分布の歪み具合、つまり分布が平均値から左右対称であるかに関する指標です。
- 尖度：分布の尖り具合、つまり分布が平均値の周辺に集中しているかに関する指標です。

第2章

確率

確率と確率分布の基本、代表的な確率分布について学習します。

キーワード：確率、条件付き確率、確率分布、確率質量・密度関数、離散・連続型確率分布、多次元確率分布、チェビシェフの定理、大数の法則、中心極限定理

2.1 事象と確率

2.1.1 試行と事象

さいころやコインを投げるように、不確実性を伴う実験や観測のことを**試行**、試行の結果として起こる事柄のことを**事象**といいます。また、試行によって起こりうる全ての事象の集合を**標本空間**といいます。

例：6面のさいころ1個を1度投げる、という試行を考えます。奇数の目が出る事象をA、2の目が出る事象をB、標本空間をΩとすると、

$$A = \{1, 3, 5\}$$

$$B = \{2\}$$

$$\Omega = \{1, 2, 3, 4, 5, 6\}$$

となります。このとき、事象A、Bとも標本空間Ωの要素であることがわかります。

例のように、事象は標本空間の要素、つまり部分集合となります。事象 A が標本空間 Ω の部分集合であることを $A \subset \Omega$ と表します。

また、標本区間の１つの要素だけからなる事象を**根元事象**といいます。

例：６面のさいころ１個を１度投げる、という試行を考えます。この試行の根元事象は、

$$\{1\}、\{2\}、\{3\}、\{4\}、\{5\}、\{6\}$$

となります。奇数の目が出る事象 $A = \{1, 3, 5\}$ は根元事象 $\{1\}$、$\{3\}$、$\{5\}$ から構成されます。

例のように、すべての事象は根元事象から構成されます。根元事象を１つも含まないものを**空事象**といい、$\varnothing$ と表します。

2.1.2 積事象・和事象・排反事象

２つの事象 A、B について考えます。事象 A と事象 B がともに起こる事象を、A と B の**積事象**といい、$A \cap B$ と表します。また、事象 A または事象 B が起こる事象を、A と B の**和事象**といい、$A \cup B$ と表します。

例：６面のさいころ１個を投げる試行において、偶数の目が出る事象を A、５以上の目が出る事象を B とすると、

$$A = \{2, 4, 6\}$$

$$B = \{5, 6\}$$

となります。このとき、A と B の積事象と和事象はそれぞれ、

$$A \cap B = \{6\}$$

$$A \cup B = \{2, 4, 5, 6\}$$

となります。

事象 A と事象 B が同時には起こらない、つまり $A \cap B = \varnothing$ のとき、A と B は**排反事象**であるといいます。

例：6面のさいころを1個投げる試行において、偶数の目が出る事象をA、奇数の目が出る事象をBとすると、

$$A=\{2, 4, 6\}$$
$$B=\{1, 3, 5\}$$

となります。このとき、$A \cap B=\varnothing$であるので、AとBは排反事象です。

2.1.3 高校までの確率の定義

ある事象が起こる確からしさの程度のことを**確率**といい、事象Aが起こる確率を$P(A)$と表します。確率にはさまざまな定義がありますが、高校までに扱われる確率は主に次の2つです。

(1) 等確率性に基づく確率

標本空間に含まれる根元事象の個数をnとしたとき、各根元事象がどれも同じ程度に起こることが期待できる（同様に確からしい）とします。事象Aに含まれる根元事象の個数をaとするとき、

$$P(A)=\frac{a}{n}$$

と定義します。

例：ジョーカーを除いたトランプ52枚から、1枚カードを引く試行において、クローバーの柄を引く事象をAとします。52枚どのカードを引くことも同様に確からしいので、

$$P(A)=\frac{13}{52}=\frac{1}{4}$$

(2) 頻度に基づく確率

ある試行を同じ条件でn回繰り返したとき、事象Aがa回起きたとします。このとき、nに対するaの相対頻度

$$\frac{a}{n}$$

が、n を非常に大きな値にして一定の値 p に近づくとき、p を事象 A の確率と定義します。つまり、

$$\lim_{n \to \infty} \frac{a}{n} = p = P(A)$$

例：1枚のコインを投げる試行において、表が出る確率を求めるために、表が出た相対頻度を縦軸、試行回数を横軸とするグラフを作成しました。

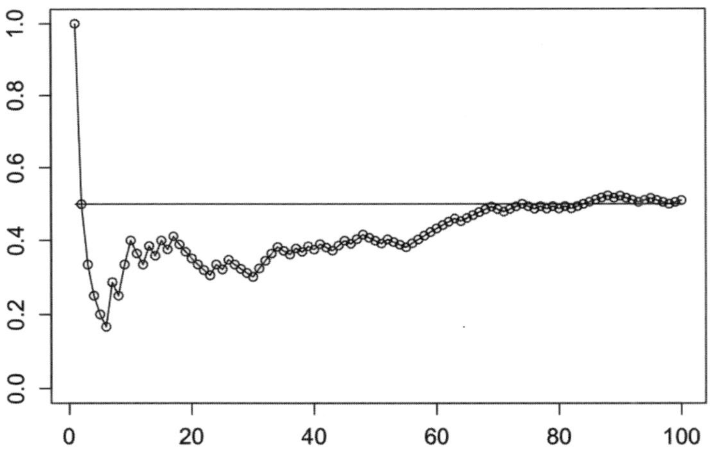

グラフから、試行回数を増やしていくと、表が出た相対頻度が0.5に近づくことが読み取れます。

以上で説明した等確率性に基づく確率と頻度に基づく確率は直感的でわかりやすいものですが、数学的な厳密性に課題が残されています。等確率性に基づく確率では、根元事象が同様に確からしい状況でなければ、その確率を求めることはできません。また、頻度に基づく確率では、同じ条件で非常に大きな回数の試行を行うことができるとは限りません。

2.1.4 公理的定義に基づく確率

数学的に厳密な確率として、**公理的定義に基づく確率**があります。公理的定義に基づく確率とは、次の3つの公理（決まり）を満たすものを事象 A の確率 $P(A)$ と定義したものです。

(1) $0 \leq P(A) \leq 1$（事象 A の起こる確率は0以上1以下である）

(2) $P(\Omega)=1$（標本空間が起こる確率は1である）

(3) $A_1, A_2, \cdots$が排反事象であるとき、$P(A_1 \cup A_2 \cup \cdots)=P(A_1)+P(A_2)+\cdots$（排反事象が起こる確率は、それぞれの事象が起こる確率の和である）

2.1.5 確率の加法定理

2つの事象 A、B の和事象の確率 $P(A \cup B)$ は、

$$P(A \cup B)=\begin{cases} P(A)+P(B) & (A \cap B=\varnothing\text{；}A\text{ と }B\text{ が排反事象のとき}) \\ P(A)+P(B)-P(A \cap B) & (A \cap B \neq \varnothing\text{；}A\text{ と }B\text{ が排反事象ではないとき}) \end{cases}$$

となり、これを**確率の加法定理**といいます。上の式は公理(3)から、下の式は $A \cap B \neq \varnothing$ の場合のベン図から求めることができます。ベン図について、$P(A)+P(B)$ は $P(A \cap B)$ をダブルカウントしているので、$P(A \cap B)$ を引くことで $P(A \cup B)$ を求めることができます。

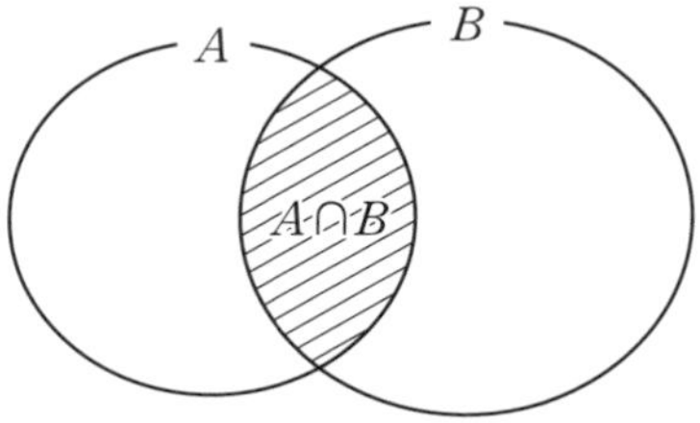

例：1から10までの数が書かれたカードを1枚引く試行において、引いた数が2の倍数または3の倍数である確率を求めます。引いたカードが2の倍数である事象を A、3の倍数である事象を B とすると、求める確率は $P(A \cup B)$ となります。

$$A = \{2, 4, 6, 8, 10\}$$

$$B = \{3, 6, 9\}$$

$$A \cap B = \{6\}$$

全てのカードを引く確率が同様に確からしい場合、

$$P(A) = \frac{5}{10},\ P(B) = \frac{3}{10},\ P(A \cap B) = \frac{1}{10}$$

であるので、求める確率は、

$$P(A \cup B) = P(A) + P(B) - P(A \cap B) = \frac{5}{10} + \frac{3}{10} - \frac{1}{10} = \frac{7}{10}$$

2.1.6 条件付き確率と乗法定理

2つの事象 A、B の積事象 $A \cap B$ の起こる確率を**同時確率**といい、$P(A, B)$ と表します。また、事象 A が起こったときに事象 B が起こる確率を、A を所与とした B の**条件付き確率**といい、$P(B|A)$ と表します。

例：ある学年において1組は男子10人、女子15人、2組は男子15人、女子15人であり、この中からくじ引きで代表者を1名決める試行を考えます。1組の生徒が選ばれる事象を A、女子が選ばれる事象を B とすると、

	男子	女子	合計
1組	10	15	25
2組	15	15	30
合計	25	30	55

1組の生徒が選ばれる確率は

$$P(A) = \frac{25}{55} = \frac{5}{11}$$

女子が選ばれる確率は

$$P(B) = \frac{30}{55} = \frac{6}{11}$$

1組の女子が選ばれる確率は

$$P(A, B) = \frac{15}{55} = \frac{3}{11}$$

1組の生徒が選ばれたときに女子である確率は

$$P(B|A)=\frac{15}{25}=\frac{3}{5}$$

例のように、A を所与とした B の条件付き確率 $P(B|A)$ は、事象 A が起きたことがわかっているので、事象 A に含まれる根元事象の個数が確率の分母となります。そのため、事象 A に含まれる根元事象の個数を $n(A)$、積事象 $A\cap B$ に含まれる根元事象の個数を $n(A\cap B)$ とすると、

$$P(B|A)=\frac{n(A\cap B)}{n(A)} \tag{1}$$

となります。

(1)式の右辺の分母と分子を標本空間に含まれる根元事象の個数 $n(\Omega)$ で割ると、

$$P(B|A)=\frac{\dfrac{n(A\cap B)}{n(\Omega)}}{\dfrac{n(A)}{n(\Omega)}}=\frac{P(A,B)}{P(A)} \tag{2}$$

となります。(2)式の両辺に $P(A)$ をかけて、左辺と右辺を入れ替えると、

$$P(A,B)=P(A)P(B|A)$$

となり、この式を**確率の乗法定理**といいます。確率の乗法定理は、「A と B が同時に起こる確率」が「A の起こる確率」に「A が起きたときに B が起こる確率」をかけたものになることを意味しています。

例：赤球4個と白球5個が入っている袋から球を1個ずつもとに戻さず2回続けて取り出す試行を考えます。1回目に白球が出る事象を A、2回目に白球が出る事象を B とすると、2回とも白球が出る確率は、

$$P(A,B)=P(A)P(B|A)=\frac{5}{9}\times\frac{4}{8}=\frac{5}{18}$$

2.1.7 独立

さいころを投げる試行とコインを投げる試行について、さいころの目の出方とコインの裏表は互いに影響を与えません。このように、2つの試行の結果が互いに影響を与えないとき、2つの試行は**独立**であるといいます。

2つの独立な試行において、一方で事象 A、もう一方で事象 B が起こるとき、

$$P(A, B) = P(A)P(B)$$

となります。つまり、事象 A と B が独立ならば「A と B が同時に起こる確率」は「A が起こる確率」と「B が起こる確率」をかけたものになります。

例：当たりくじ3本を含む10本のくじから、1本ずつ2回続けてくじを引く試行を考えます。なお、引いたくじはもとに戻すこととします。1本目に当たりくじを引く事象を A、2本目に当たりくじを引く事象を B とすると、

$$P(A) = \frac{3}{10},\ P(B) = \frac{3}{10}$$

事象 A と B は独立であるため、2本とも当たりくじを引く確率は

$$P(A, B) = P(A)P(B) = \frac{3}{10} \times \frac{3}{10} = \frac{9}{100}$$

2.2 確率分布

2.2.1 確率変数と確率分布

6面のさいころを1回投げる試行を考えます。この試行の標本空間は

$$\Omega = \{1, 2, 3, 4, 5, 6\}$$

となります。ここで、出た目が偶数であることを $X=1$、奇数であることを $X=0$ とすると、X は0か1の値をとる変数となります。

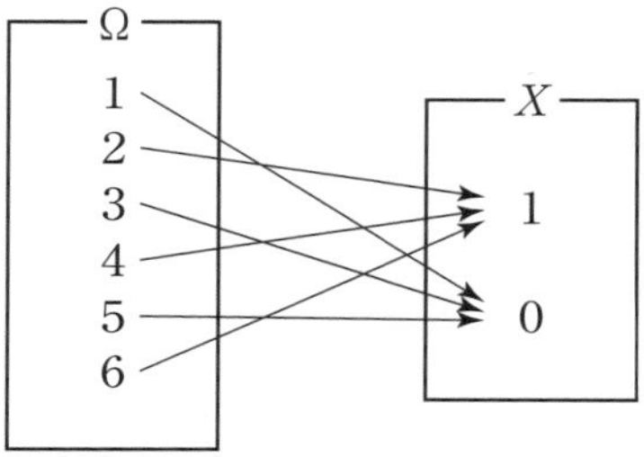

また、さいころの目の出方が同様に確からしいとすると、偶数の目が出る確率も奇数の目が出る確率も

$$\frac{3}{6}=\frac{1}{2}$$

となるので、

$$P(X=1)=P(X=0)=\frac{1}{2}$$

と表すことができます。この X のように、試行の結果により値が決まり、その値をとる確率までもが決まっている変数を**確率変数**といいます。そして、$X=0, 1$ を確率変数の**実現値**あるいは**観測値**といいます。

確率変数 X は実現値の特徴に応じて性質や特徴が異なります。$X=0, 1$ の整数値のように、離散的な値しかとらない確率変数を**離散型確率変数**といいます。また、身長や体重のように、連続的な値となる確率変数を**連続型確率変数**といいます。

例：標本空間を 6 面のさいころを 1 回投げたときの目とします。出た目の大きさを X とし、さいころの目の出方が同様に確からしいとすると、

$$X=1, 2, 3, 4, 5, 6$$

$$P(X=1)=P(X=2)=P(X=3)=P(X=4)=P(X=5)=P(X=6)=\frac{1}{6}$$

となるので、X は離散型確率変数となります。

確率変数と確率の対応関係のことを**確率分布**といい、「確率変数はその確率分布に従う」

といいます。そして、確率変数 X は確率分布 $P(x)$ に従うことを、$X \sim P(x)$ と表します。

また、確率変数のとりうる値を $x_1, x_2, \cdots, x_n$、これらの値をとる確率を $p_1, p_2, \cdots, p_n$ とすると、確率分布は次の表のようにまとめることができます。

X	x_1	x_2	$\cdots$	x_n
P	p_1	p_2	$\cdots$	p_n

例：1枚のコインを2回続けて投げる試行を考えます。表が出る回数を X としたとき、X の確率分布は次のようになります。

X	0	1	2
P	$\frac{1}{4}$	$\frac{1}{2}$	$\frac{1}{4}$

2.2.2 離散型確率分布と確率質量関数

離散型確率変数 X が実現値 x となる確率 $P(X=x)$ を

$$P(X=x)=f(x)$$

と定義し、実現値 x の関数 $f(x)$ を**確率質量関数**といいます。

確率質量関数は公理的定義に基づくので、次の2つの性質を満たす必要があります。

(1) 離散的な実現値の集合を S とすると、全ての実現値 $x \in S$ について、$f(x) \geq 0$

(2) $\Sigma_{x \in S} f(x)=1$

例：1枚のコインを2回続けて投げる試行を考えます。表が出る回数を X としたとき、確率質量関数は、

$$f(x)=\begin{cases}\dfrac{1}{4}(x=0,2)\\ \dfrac{1}{2}(x=1)\end{cases}$$

また、離散型確率変数 X が a 以上 b 以下をとる確率を $P(a \leq X \leq b)$ とすると、

$$P(a \leq X \leq b)=\sum_{i=a}^{b} f(i) \tag{3}$$

となります。

例：標本空間を6面のさいころを1回投げたときの目とします。出た目の大きさを X とし、さいころの目の出方が同様に確からしいとすると、確率質量関数は

$$f(x)=\frac{1}{6}(x=1,2,3,4,5,6)$$

さいころの目が1以上3以下である確率は、

$$P(1 \leq X \leq 3)=\sum_{i=1}^{3} f(i)=f(1)+f(2)+f(3)=\frac{1}{6}+\frac{1}{6}+\frac{1}{6}=\frac{3}{6}=\frac{1}{2}$$

2.2.3 連続型確率分布と確率密度関数

連続型確率変数 X では、ある実現値 x となる確率 $P(X=x)$ を

$$P(X=x)=0$$

とします。なぜなら、連続型の変数はある一定の区間に数が無限に存在するため、$P(X=x)$ が一定の値をとってしまうと、確率の総和が1ではなく∞になってしまうからです。そこで、連続型確率変数 X では、a 以上 b 以下をとる確率 $P(a \leq X \leq b)$ を

$$P(a \leq X \leq b) = \int_a^b f(x)\,dx$$

と定義し、関数 $f(x)$ を**確率密度関数**といいます。

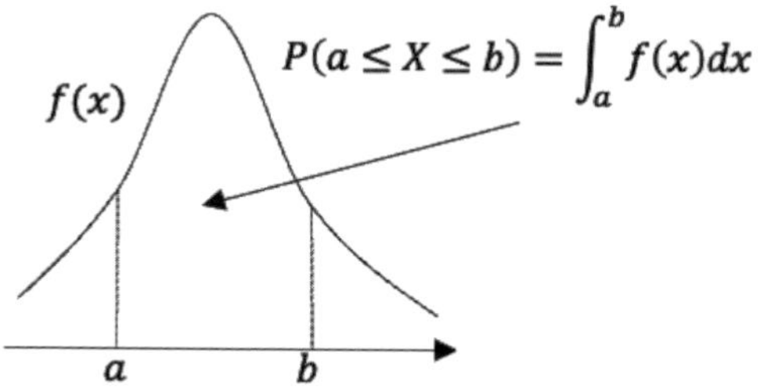

確率密度関数 $f(x)$ も公理的定義に基づくので、次の２つの性質を満たす必要があります。

(1) 全ての実現値 x について、$f(x) \geq 0$

(2) $\int_{-\infty}^{\infty} f(x)\,dx = 1$ (4)

例：ある連続型確率変数 X について、確率密度関数 $f(x)$ を縦軸、実現値 x を横軸とすると、次のグラフのようになりました。

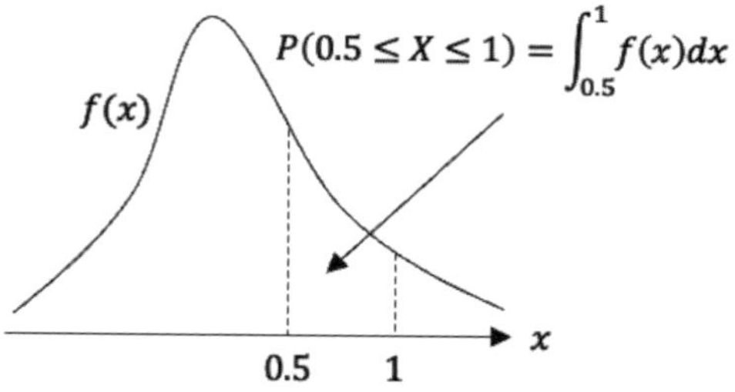

このグラフでは、確率変数 X が 0.5 以上 1 以下をとる確率である

$$P(0.5 \leq X \leq 1) = \int_{0.5}^{1} f(x)\,dx$$

を図示しました。グラフから、確率変数 X が 0.5 以上 1 以下をとる確率は、確率密度関数 $f(x)$ と $x = 0.5$, $x = 1$, x 軸で囲まれた面積になることがわかります。

また、(3)式と(4)式を比較すると、確率密度関数は確率質量関数の Σ（和の記号）が∫（積分の記号）に変わっただけであることがわかります。

2.2.4 確率変数の期待値と分散

確率変数の値に対する確率分布の重心のことを**期待値**といい、次のように定義します。

(1) 離散型確率変数のとき

離散型確率変数 X の確率質量関数が $f(x_i)=p_i (i=1, 2, \cdots, n)$ のとき、期待値 $E[X]$ を

$$E[X]=x_1 p_1+x_2 p_2+\cdots+x_n p_n=\sum_{i=1}^{n} x_i p_i$$

と定義します。

(2) 連続型確率変数のとき

連続型確率変数 X の確率密度関数が $f(x)$ のとき、期待値 $E[X]$ を

$$E[X]=\int_{-\infty}^{\infty} xf(x)\,dx$$

と定義します。

例：離散型確率変数の実現値が {1, 2, 3}、それぞれの値をとる確率が {0.2, 0.4, 0.4} とします。このときの期待値 $E[X]$ は

$$E[X]=\sum_{i=1}^{3} x_i p_i=1\times 0.2+2\times 0.4+3\times 0.4=2.2$$

確率変数の値の散らばりのことを**分散**といい、次のように定義します。

(1) 離散型確率変数のとき

離散型確率変数 X の確率質量関数が $f(x_i)=p_i (i=1, 2, \cdots, n)$ のとき、分散 $V[X]$ を

$$V[X]=E[\{X-E[X]\}^2]=\sum_{i=1}^{n} (x_i-E[X])^2 p_i$$

と定義します。

(2) 連続型確率変数のとき

連続型確率変数 X の確率密度関数が $f(x)$ のとき、分散 $V[X]$ を

$$V[X]=E[\{X-E[X]\}^2]=\int_{-\infty}^{\infty}(x-E[X])^2 f(x)\,dx$$

と定義します。そして、離散型・連続型確率変数について、分散 $V[X]$ の正の平方根である $\sqrt{V(X)}$ を**標準偏差**といいます。

> **例**：離散型確率変数の実現値が {1, 2, 3}、それぞれの値をとる確率が {0.2, 0.4, 0.4} とします。このときの期待値 $E[X]$ は 2.2 であるので、分散 $V[X]$ は
>
> $$V[X]=\sum_{i=1}^{3}(x_i-E[X])^2 p_i=(1-2.2)^2\times 0.2+(2-2.2)^2\times 0.4+(3-2.2)^2\times 0.4=0.56$$

また、確率変数 X、Y について、$Y=aX+b$(a, b は定数)とすると、Y の期待値 $E[Y]$ と分散 $V[Y]$ は、

$$E[Y]=E[aX+b]=aE[X]+b$$
$$V[Y]=V[aX+b]=a^2V[X]$$

となります。つまり、Y の期待値は X の期待値を a 倍して b 加えたもの、Y の分散は X の分散を a^2 倍したものとなります。このとき、a を**尺度パラメータ**、b を**位置パラメータ**といいます。尺度パラメータは確率変数の散らばりである分散に、位置パラメータは確率変数の代表的な位置である期待値に強く影響を与えるものです。

2.2.5 代表的な離散型確率分布

以上では確率変数や確率分布に関する一般的な性質について説明してきました。ここからは、離散型および連続型確率分布のそれぞれについて代表的なものを説明します。

以下で出てくるパラメータは、それぞれの確率分布を特徴づけるものです。

(1) 離散一様分布

イカサマのない6面のさいころを1個投げるとき、1から6の目の出る確率は全て等しく 1/6 となると考えることができます。このように、全ての確率変数の実現値が同じ確率で生じるとする確率分布を**離散一様分布**といいます。

確率質量関数の定義	$$U(x \mid n) = \begin{cases} \dfrac{1}{n} (x=x_1, x_2, \cdots, x_n) \\ 0 (\text{その他}) \end{cases}$$ このとき、$X \sim U(x_1, \cdots, x_n)$ と表します。
確率変数の値	x：0, 1, 2, …, n の整数のいずれかの値
パラメータ	n：正の整数
平均と分散	$$E[X] = \frac{n+1}{2},\ V[X] = \frac{n^2-1}{12}$$
分布図の例	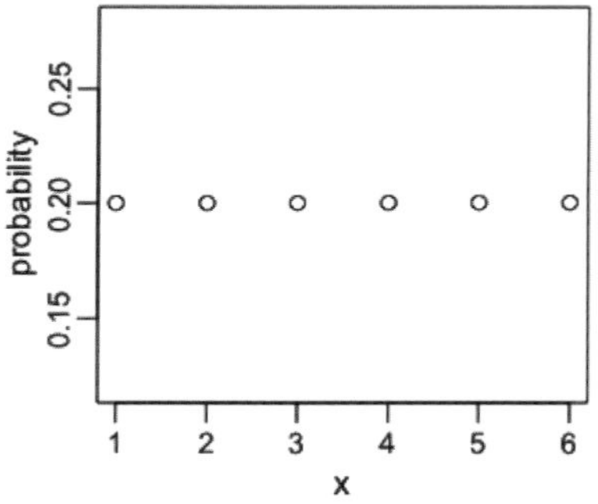 $n=6$ の離散一様分布

(2) ベルヌーイ分布

コインの裏表や成功・失敗のように、得られる結果が2通りしかない試行をベルヌーイ試行、この試行を通して得られる確率分布を**ベルヌーイ分布**といいます。

確率質量関数	$$Ber(x \mid \theta) = \begin{cases} \theta (x=1) \\ 1-\theta (x=0) \end{cases}$$ このとき、$X \sim Ber(1, \theta)$ と表します。
確率変数の値	x：0 か 1 の整数

パラメータ	θ：$x=1$ となる確率
平均	$E[X]=\theta$
分散	$V[X]=\theta(1-\theta)$
分布図の例	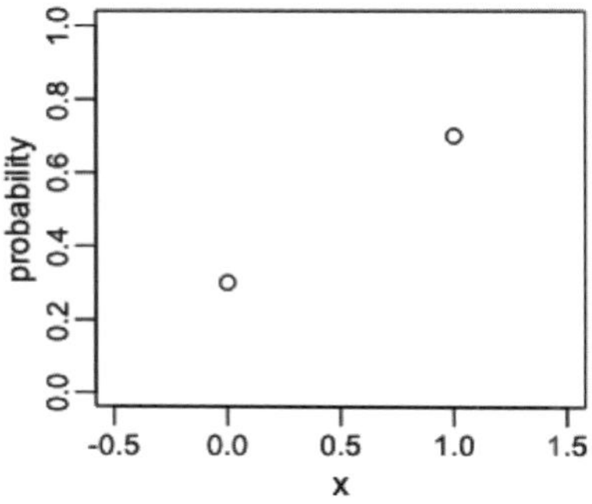 $\theta=0.7$ のベルヌーイ分布

(3) 二項分布

独立なベルヌーイ試行を N 回行ったとき、確率変数が 1 となった回数を新たな確率変数 X とします。このとき、X が従う分布を**二項分布**といいます。

確率質量関数	$B(x\mid n,\theta)=\dfrac{n!}{x!(n-x)!}\theta^{x}(1-\theta)^{n-x}$ このとき、$X\sim B(n,\theta)$ と表します。
確率変数の値	x：0, 1, 2, …, n の整数のいずれかの値
パラメータ	n：正の整数 θ：$x=1$ となる確率
平均と分散	$E[X]=n\theta,\ V[X]=n\theta(1-\theta)$

<table>
<tr><td>分布図の例</td><td>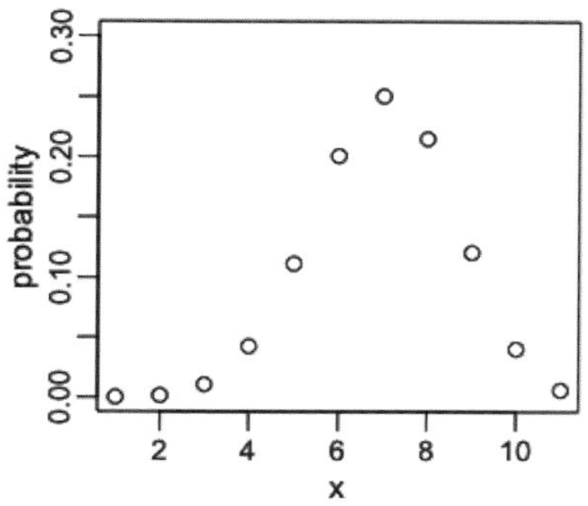

$n=10, \theta=0.6$ の二項分布</td></tr>
</table>

(4) ポアソン分布

新幹線や飛行機のインシデント件数のように、滅多に起きない事象の発生回数が従う分布を**ポアソン分布**といいます。ポアソン分布は、非負の整数の値をとる確率分布と考えることができます。

確率質量関数	$Po(x \mid \lambda) = \dfrac{e^{-\lambda}\lambda^{x}}{x!}$ このとき、$X \sim Po(\lambda)$ と表します。
確率変数の値	x：0, 1, 2, …, の整数のいずれかの値
パラメータ	λ：正の実数
平均と分散	$E[X]=\lambda,\ V[X]=\lambda$

<table>
<tr><td>分布図の例</td><td>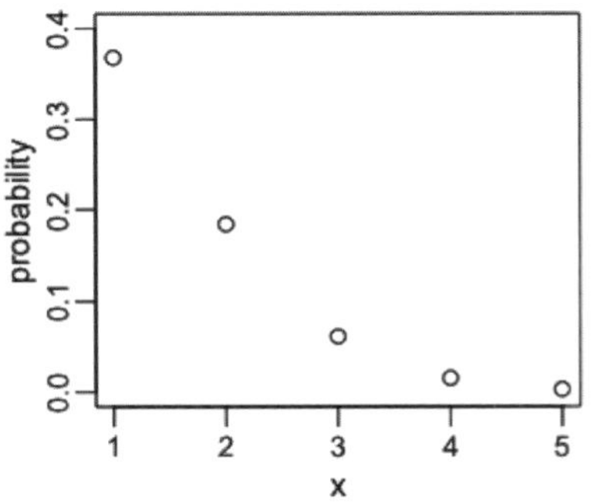

λ=1 のポアソン分布</td></tr>
</table>

2.2.6 代表的な連続型確率分布

次に連続型確率分布について代表的なものを説明します。

(1) 連続一様分布

離散一様分布を連続型確率分布に応用したもので、確率密度が区間 $[a, b]$ で一定であるような分布を**連続一様分布**といいます。

確率密度関数	$U(x \mid a, b) = \begin{cases} \dfrac{1}{b-a} & (a \leq x \leq b) \\ 0 & (\text{それ以外}) \end{cases}$ このとき、$X \sim U[a, b]$ と表します。
確率変数の値	x：$a \leq x \leq b$ の実数
パラメータ	a, b：実数、$a < b$

平均と分散	$E[X]=\dfrac{a+b}{2}, V[X]=\dfrac{(b-a)^2}{12}$
分布図の例	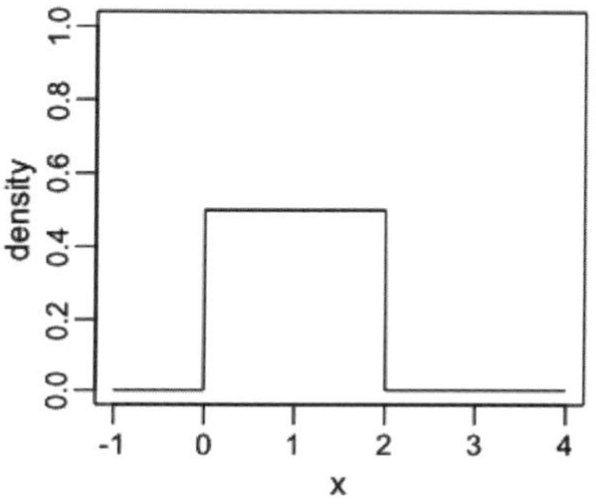 $a=0,\ b=2$ の連続一様分布

(2) 正規分布

正規分布は個体差や物理実験の測定誤差、学力テストの点数など世の中の多くの事象に応用されているもので、平均に関して左右対称でつりがね型の形状をした確率分布です。

確率密度関数	$N(x\mid\mu,\sigma)=\dfrac{1}{\sqrt{2\pi}\,\sigma}\exp\left\{-\dfrac{(x-\mu)^2}{2\sigma^2}\right\}$ このとき、$X\sim N(\mu,\sigma)$ と表します。
確率変数の値	x：実数
パラメータ	μ：実数；平均（期待値）となります。 σ：正の実数；標準偏差となります。
平均と分散	$E[X]=\mu, V[X]=\sigma^2$

分布図の例	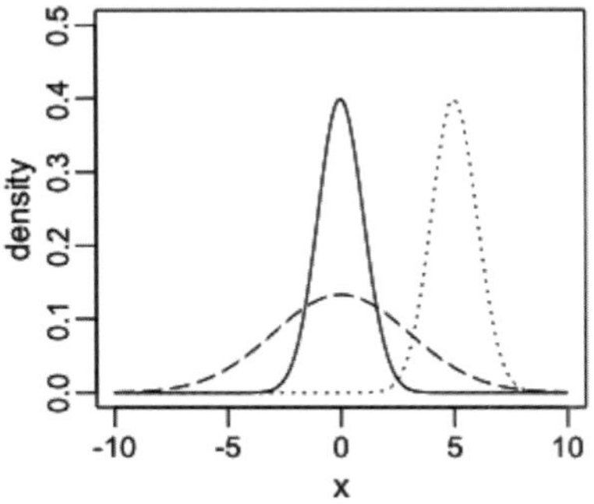 実線：$\mu=0, \sigma=1$、破線：$\mu=0, \sigma=3$、点線：$\mu=5, \sigma=1$

分布図の例に示した $\mu=0, \sigma=1$ の正規分布のことを**標準正規分布**といい、$\phi(x)$ と表します。$X \sim N(\mu, \sigma)$ のとき、$Y=\dfrac{X-\mu}{\sigma}$ とすると、

$$Y=\frac{X-\mu}{\sigma} \sim N(0,1)$$

となります。つまり、Y は標準正規分布 $\phi(x)$ に従います。標準正規分布 $\phi(x)$ に従うように、$\dfrac{X-\mu}{\sigma}$ という変換を行うことを**標準化**といいます。この標準化は正規分布を応用する様々な場面で利用されています。

また、正規分布に従う確率変数 $X \sim N(\mu, \sigma)$ には、次のような重要な性質があります。

① $X \sim N(\mu, \sigma)$ で a と b を定数とするとき、$aX+b \sim N(a\mu+b, a\sigma)$ となります。

② 2つの確率変数 X、Y がそれぞれ独立に $X \sim N(\mu_1, \sigma_1)$、$Y \sim N(\mu_2, \sigma_2)$ であるとき、$X+Y \sim N(\mu_1+\mu_2, \sigma_1+\sigma_2)$ となります。つまり、正規分布に従う確率変数の和の分布も正規分布になります。このような分布の性質のことを**再生性**といいます。

(3) ベータ分布

ベータ分布は区間 $[0,1]$ に関する確率分布で、ベルヌーイ分布や二項分布のパラメータ θ

を生成するために利用されることが多いです。そして、ベータ分布はパラメータによって分布を柔軟に表現できることや、ベイズ法の計算が容易であることから、利用されることの多い確率分布です。

確率密度関数	$$Be(x\mid\alpha,\ \beta)=\frac{1}{B(\alpha,\ \beta)}\ x^{\alpha-1}(1-x)^{\beta-1}$$ ただし、B はベータ関数で、 $$B(\alpha,\ \beta)=\int_0^1 t^{\alpha-1}(1-t)^{\beta-1}dt=\frac{\Gamma(\alpha)\Gamma(\beta)}{\Gamma(\alpha+\beta)}$$ となります。 このとき、$X\sim Be(\alpha,\ \beta)$ と表します。
確率変数の値	$x:0\leq x\leq 1$ の実数
パラメータ	$\alpha,\ \beta$：正の実数
平均と分散	$$E[X]=\frac{\alpha}{\alpha+\beta},\ V[X]=\frac{\alpha\beta}{(\alpha+\beta)^2(\alpha+\beta+1)}$$
分布図の例	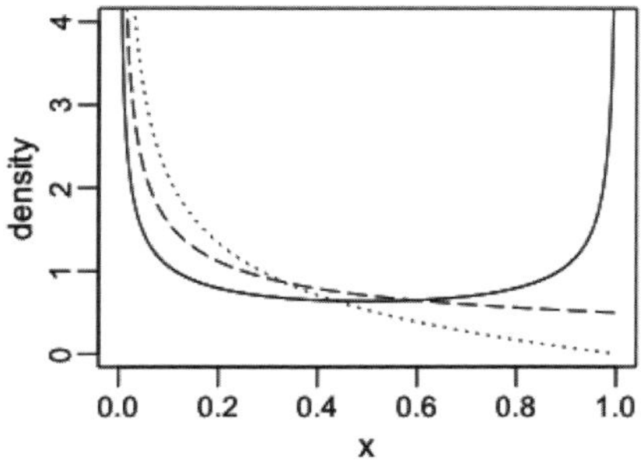 実線：$\alpha=0.5,\ \beta=0.5$、破線：$\alpha=0.5,\ \beta=1.0$、点線：$\alpha=0.5,\ \beta=2.0$

分布図の例

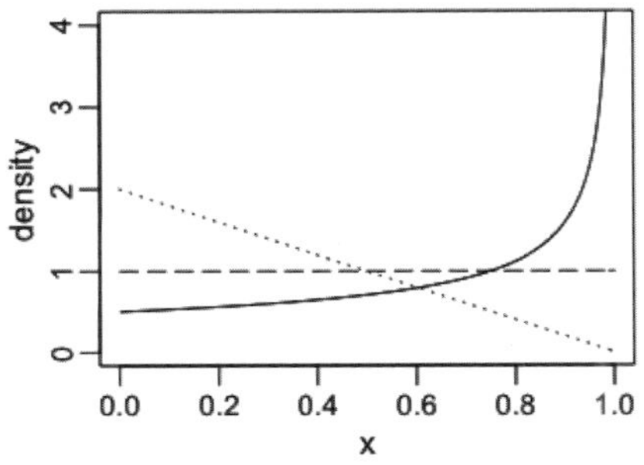

実線：$\alpha=1.0,\ \beta=0.5$、破線：$\alpha=1.0,\ \beta=1.0$、点線：$\alpha=1.0,\ \beta=2.0$

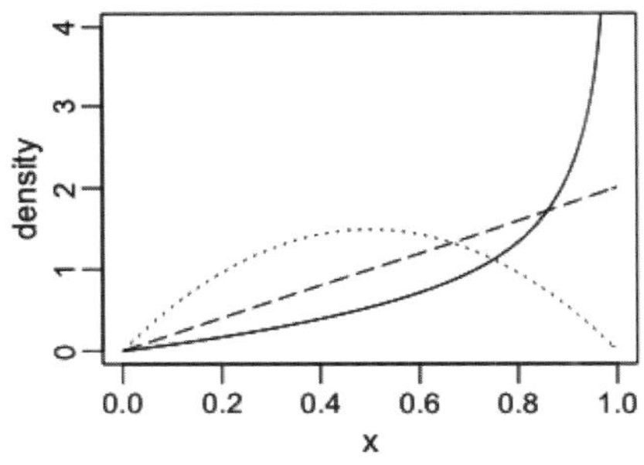

実線：$\alpha=2.0,\ \beta=0.5$、破線：$\alpha=2.0,\ \beta=1.0$、点線：$\alpha=2.0,\ \beta=2.0$

分布図の例から、ベータ分布の形状について、αとβの値が等しい場合にはその事象が生じるか否かは五分五分、つまり公平であることが読み取れます。また、αとβの値が異なる場合には1あるいは0に近い値が生じやすくなることも読み取れます。このように、ベータ分布はパラメータによって分布を柔軟に表現できます。

さらに、$\alpha=\beta=1.0$のベータ分布$Be(1,\ 1)$は区間$[0,\ 1]$の連続一様分布であり、その事象が生じる確率について何も情報がないことを意味しています。そのため、4章以降で説明するベイズ法において、$Be(1,\ 1)$は無情報事前分布として利用されることが多いです。

(4) ガンマ分布

ガンマ分布は発生率が $\frac{1}{\beta}$ の事象がα回起きるまでの待ち時間を示す分布で、人の体重や保険金の支払額、電子部品の寿命に応用されています。

<table>
<tr><td>確率密度関数</td><td>

$$Ga(x \mid \alpha, \beta) = \frac{\beta^{\alpha}}{\Gamma(\alpha)} x^{\alpha-1} \exp(-\beta x)$$

ただし、Γはガンマ関数で、

$$\Gamma(x) = \int_0^{\infty} t^{x-1} e^{-t} dt$$

となります。
このとき、$X \sim Ga(\alpha, \beta)$ と表します。</td></tr>
<tr><td>確率変数の値</td><td>x：正の実数</td></tr>
<tr><td>パラメータ</td><td>α：正の実数；形状パラメータと呼ばれます。
β：正の実数；尺度パラメータと呼ばれます。</td></tr>
<tr><td>平均と分散</td><td>

$$E[X] = \frac{\alpha}{\beta},\ V[X] = \frac{\alpha}{\beta^2}$$

</td></tr>
<tr><td>分布図の例</td><td>
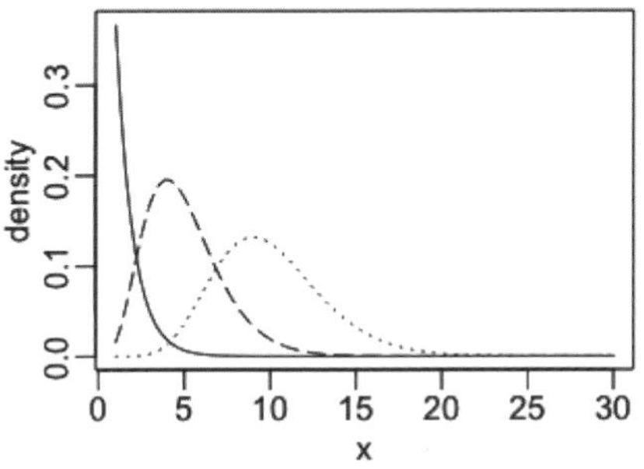

実線：$\alpha = 1.0, \beta = 1.0$、破線：$\alpha = 5.0, \beta = 1.0$、点線：$\alpha = 10.0, \beta = 1.0$</td></tr>
</table>

分布図の例	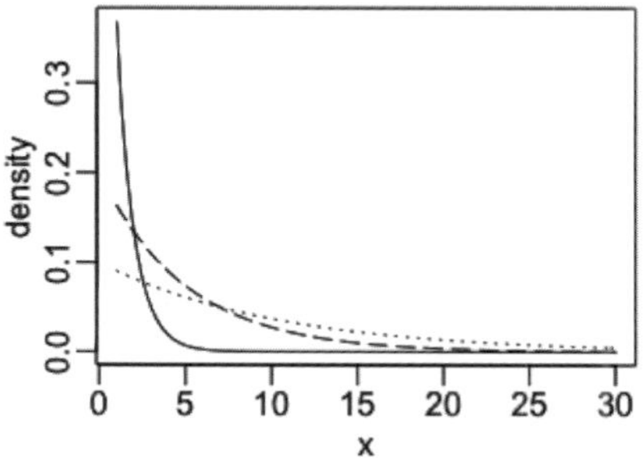 実線：$\alpha=1.0$, $\beta=1.0$、破線：$\alpha=1.0$, $\beta=5.0$、点線：$\alpha=1.0$, $\beta=5.0$

分布図の例から、形状パラメータαの値が大きくなるほど平均に関して左右対称の分布に、尺度パラメータβの値が大きくなるほど確率密度が小さくなるスピードが遅い分布になることが読み取れます。特に、この形状パラメータの性質から、αが大きい場合、ガンマ分布は$\mu=\frac{\alpha}{\beta}$、分散$\sigma=\frac{\sqrt{\alpha}}{\beta}$の正規分布に近似できることが知られています。

(5) カイ２乗分布

カイ２乗分布は正規分布から求められる確率分布であり、統計的推定や仮説検定でよく利用されるものです。確率変数Xを標準正規分布に従う確率変数Zの２乗とします。このとき、Xは自由度１のカイ２乗分布に従います。

確率密度関数	$\chi^2(x \mid v)=\begin{cases}\frac{1}{2^{\frac{m}{2}}\Gamma\left(\frac{m}{2}\right)}x^{\frac{m}{2}-1}\exp\left(-\frac{x}{2}\right)(x>0)\\ 0(\text{その他})\end{cases}$ このとき、$X\sim\chi^2(v)$ と表します。
確率変数の値	x：正の実数

パラメータ	v：正の整数；自由度と呼ばれます。
平均と分散	$E[X]=v, V[X]=2v$
分布図の例	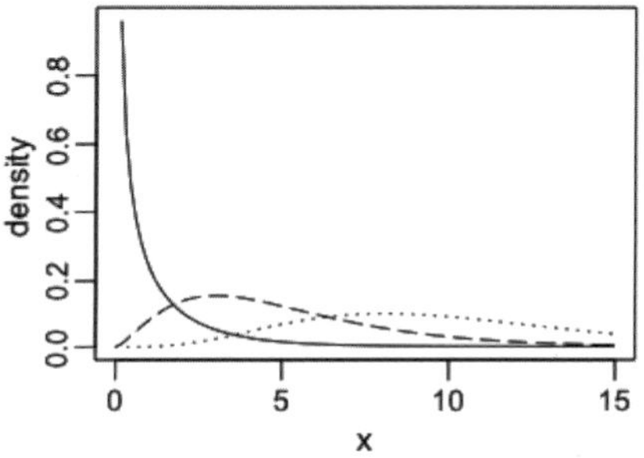 実線：$v=1.0$、破線：$v=5.0$、点線：$v=10.0$

分布図の例から、自由度 ν が大きくなるほど平均に関して左右対称の分布になることがわかります。この性質から、 ν が大きい場合、カイ２乗分布は正規分布に近似できることが知られています。

(6) t 分布

t 分布は正規分布とカイ２乗分布から求められる確率分布であり、統計的推定や仮説検定でよく利用されるものです。標準正規分布に従う確率変数 Z、自由度 ν のカイ２乗分布に従う確率変数を S とすると、

$$X=\frac{Z}{\sqrt{S/\nu}}$$

は自由度 $\nu-1$ の t 分布に従います。

確率密度関数	$t(x \mid v)=\dfrac{\Gamma\left(\dfrac{v+1}{2}\right)}{\sqrt{\pi v}\,\Gamma\left(\dfrac{v}{2}\right)}\left(1+\dfrac{t^2}{v}\right)^{-\frac{v+1}{2}}$ このとき、$X\sim t(v)$ と表します。
確率変数の値	x：実数
パラメータ	v：正の実数；自由度と呼ばれます。
平均と分散	$E[X]=0$（ただし、$v>0$), $V[X]=\dfrac{v}{v-2}$
分布図の例	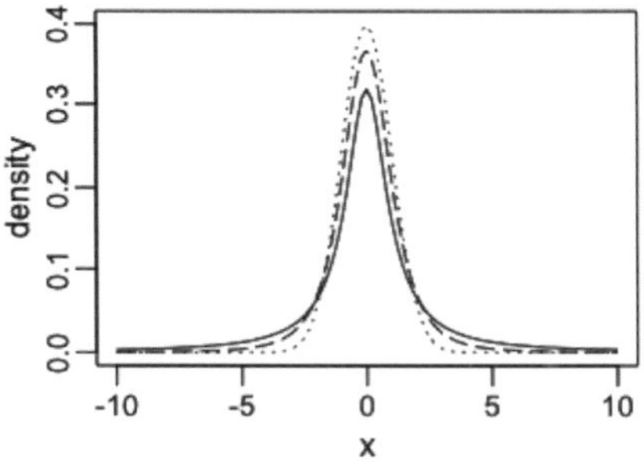 実線：$v=1.0$、破線：$v=3.0$、点線：$\mu=0, \sigma=1$ の正規分布

自由度 v が大きい場合、t 分布は正規分布に近似できることが知られています。

また、t 分布と正規分布は似た形状の分布ですが、t 分布の方が確率密度の小さくなるスピードは遅いことが特徴的です。

(7) F 分布

***F* 分布**はカイ２乗分布から求められる確率分布であり、統計的推定や仮説検定でよく利用されるものです。２つの確率変数 Y、Z が $Y\sim\chi^2(v_1)$、$Z\sim\chi^2(v_2)$ であるとき、

$$X=\frac{Y/\nu_1}{Z/\nu_2}$$

は自由度 (ν_1, ν_2) の F 分布に従います。

確率密度関数	$F(x\mid v_1,v_2)=\dfrac{\Gamma\left(\frac{v_1+v_2}{2}\right)\left(\frac{v_1}{v_2}\right)^{\frac{v_2}{2}}x^{\frac{v_1}{2}-1}}{\Gamma\left(\frac{v_1}{2}\right)\Gamma\left(\frac{v_2}{2}\right)\left(1+\frac{v_1}{v_2}x\right)^{\frac{v_1+v_2}{2}}}$ このとき、$X \sim F(v_1, v_2)$ と表します。
確率変数の値	x：正の実数
パラメータ	v_1：正の実数；自由度と呼ばれます。 v_2：正の実数；自由度と呼ばれます。
平均と分散	$E[X]=\dfrac{v_2}{v_2-2}, V[X]=\dfrac{2v_2^2(v_1+v_2-2)}{v_1(v_2-2)^2(v_2-4)}$
分布図の例	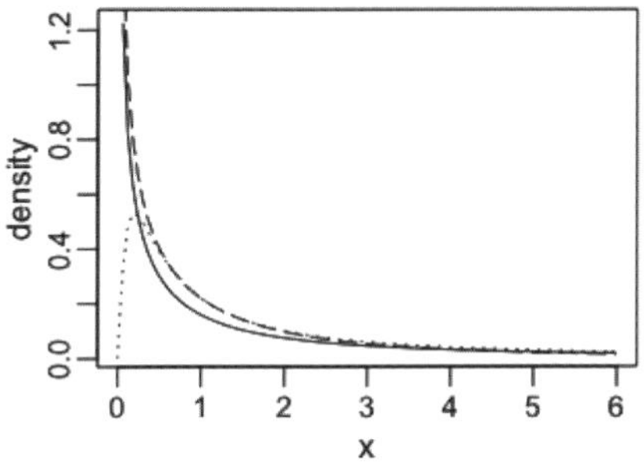 実線：$(v_1, v_2)=(1.0, 1.0)$、破線：$(v_1, v_2)=(1.0, 5.0)$、 点線：$(v_1, v_2)=(5.0,5.0)$

2.3 多次元の確率分布

2.3.1 多次元の確率分布

確率変数 X、Y について、この2つを組とした (X, Y) を**2次元確率変数**といいます。そして、2次元確率変数の確率分布を**同時確率分布**、それぞれの確率変数の確率分布を**周辺確率分布**といいます。

(1) 確率変数 X、Y が離散型確率変数の場合

確率変数 X、Y がそれぞれ、$X = x_i, Y = y_j$ となる確率 $P(x_i, y_j)$ を

$$P(x_i,\ y_j) = f(x_i, y_j)\ (i = 1, 2, \cdots, M; j = 1, 2, \cdots, N)$$

と定義し、$f(x_i, y_j)$ を**同時確率質量関数**といいます。

同時確率質量関数は公理的定義に基づくので、次の2つの性質を満たす必要があります。

① $f(x_i, y_j) \geq 0$

② $\sum_{i=1}^{M} \sum_{j=1}^{N} f(x_i, y_j) = 1$

例：2つの確率変数 X、Y について、次のような同時確率分布が得られたとします。

X \ Y	0	1	2	合計
0	$\frac{1}{12}$	$\frac{2}{12}$	$\frac{2}{12}$	$\frac{5}{12}$
1	$\frac{2}{12}$	$\frac{3}{12}$	$\frac{2}{12}$	$\frac{7}{12}$
合計	$\frac{3}{12}$	$\frac{5}{12}$	$\frac{4}{12}$	1

例えば、

$$P(X=0,\ Y=1)=\frac{2}{12},P(X=1,\ Y=1)=\frac{3}{12}$$

となります。

上の例について、X、Y の周辺確率分布 $g(x_i), h(y_j)$ はそれぞれ、

$$g(x_i)=\begin{cases}f(X=0,\ Y=0)+f(X=0,\ Y=1)+f(X=0,\ Y=2)=\dfrac{1}{12}+\dfrac{2}{12}+\dfrac{2}{12}=\dfrac{5}{12}(i=0)\\ f(X=1,\ Y=0)+f(X=1,\ Y=1)+f(X=1,\ Y=2)=\dfrac{2}{12}+\dfrac{3}{12}+\dfrac{2}{12}=\dfrac{7}{12}(i=1)\end{cases}$$

$$h(y_j)=\begin{cases}f(X=0,\ Y=0)+f(X=1,\ Y=0)=\dfrac{1}{12}+\dfrac{2}{12}=\dfrac{3}{12}(j=0)\\ f(X=0,\ Y=1)+f(X=1,\ Y=1)=\dfrac{2}{12}+\dfrac{3}{12}=\dfrac{5}{12}(j=1)\\ f(X=0,\ Y=2)+f(X=1,\ Y=2)=\dfrac{2}{12}+\dfrac{2}{12}=\dfrac{4}{12}(j=2)\end{cases}$$

となります。つまり、一方の周辺確率分布を求めるには、もう一方の確率変数の取りうる値を全て同時確率質量関数 $f(x_i, y_j)$ に代入して和を求めるとよいことがわかります。一般的に、

$$g(x_i)=\sum_{j=1}^{N}f(x_i, y_j)$$

$$h(y_j)=\sum_{i=1}^{M}f(x_i, y_j)$$

となります。

(2) 確率変数 X、Y が連続型確率変数の場合

X が a 以上 b 以下、Y が c 以上 d 以下となる確率 $P(a\leq X\leq b, c\leq Y\leq d)$ を

$$P(a\leq X\leq b, c\leq Y\leq d)=\int_a^b\int_c^d f(x,y)\,dxdy$$

と定義し、関数 $f(x,y)$ を**同時確率密度関数**といいます。同時確率密度関数 $f(x,y)$ は以下のグラフのように、曲面となります。そして、$\int_a^b\int_c^d f(x,y)\,dxdy$ は領域 $a\leq x\leq b$、$c\leq y\leq d$ と

曲面 $f(x, y)$ の体積を求めています。

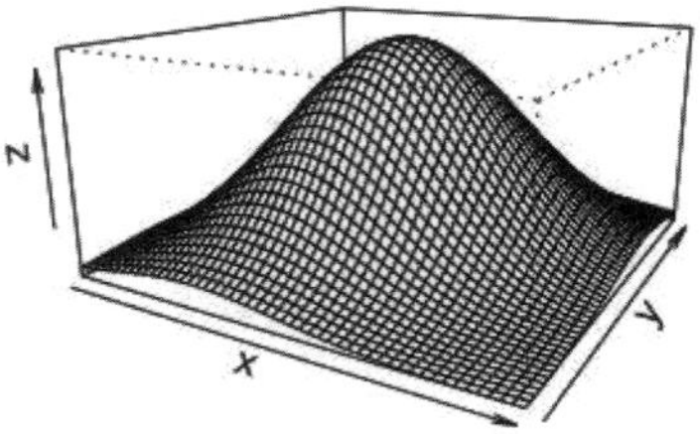

同時確率密度関数も公理的定義に基づくので、次の２つの性質を満たす必要があります。

① $f(x, y) \geq 0$

② $\int_{-\infty}^{\infty}\int_{-\infty}^{\infty} f(x, y)\,dxdy = 1$

また、周辺確率分布 $h(x)$、$g(y)$ は同時確率密度関数 $f(x, y)$ を一方の変数について積分計算し消去することで求めることができます。つまり、

$$g(x) = \int_{-\infty}^{\infty} f(x, y)\,dy$$

$$h(y) = \int_{-\infty}^{\infty} f(x, y)\,dx$$

となります。

2.3.2 多次元確率分布の独立

確率変数 X、Y について、同時確率質量関数または同時確率密度関数を $f(x, y)$、周辺確率分布をそれぞれ $g(x)$、$h(y)$ とします。このとき、X と Y が独立であるとは、

$$f(x, y) = g(x)\,h(y)$$

になることと定義します。

この独立の定義を n 次元確率分布に拡張します。確率変数 $X_1, \cdots, X_n$ について、同時確率質量関数または同時確率密度関数を $f(x_1, \cdots, x_n)$、周辺確率分布を $g_1(x_1), \cdots, g_n(x_n)$ とします。

このとき、$X_1, \cdots, X_n$ が相互に独立であるとは、

$$f(x_1, \cdots, x_n) = g_1(x_1) g_2(x_2) \cdots g_n(x_n)$$

と定義します。さらに、$X_1, \cdots, X_n$ の周辺確率分布が同一であり、

$$f(x_1, \cdots, x_n) = g(x_1) g(x_2) \cdots g(x_n)$$

が成り立つとき、$X_1, \cdots, X_n$ は **i.i.d (independently and identically distributed：独立で同一の分布に従う)** であるといいます。i.i.d であることは統計的推定や仮説検定で仮定されることが多いです。

2.3.3 代表的な多次元確率分布

(1) 多項分布

K 個の確率変数 $X_1, \cdots, X_K$ を要素にもつ確率ベクトル $(X_1, \cdots, X_K)^{\mathrm{T}} = X$ が試行回数 n、発生確率ベクトル $\theta = (\theta_1, \cdots, \theta_K)^{\mathrm{T}}$ であるとき、確率ベクトルは**多項分布**に従います。なお、T は行列の転置を意味しています。

確率密度関数	$Mn(X \mid n, \theta) = \dfrac{n!}{x_1! x_2! \cdots x_K!} \theta_1^{x_1} \theta_2^{x_2} \cdots \theta_K^{x_K}$ このとき、$X \sim Mn(n, \theta)$ と表します。
確率変数の値	X：各要素は 0, 1, … n いずれかの整数となります。 ただし、$\sum_{i=1}^{K} x_i = n, k$ は 2 以上の整数
パラメータ	n：正の整数 θ：各要素は $\theta_i \geq 0$ で、$\sum_{i=1}^{K} \theta_i = 1$
平均と分散	$E[X_i] = n\theta_i, V[X_i] = n\theta_i(1 - \theta_i)$

例えば、A さんがあるゲームで勝つ確率が 0.5、引き分ける確率が 0.3、負ける確率が 0.2

であるとすると、このゲームを10回したときのAさんの成績 X は $X \sim Mn(10, (0.5, 0.3, 0.2))$ となります。

(2) 多変量正規分布

正規分布を多次元に拡張した同時確率分布を**多変量正規分布**といいます。

確率密度関数	K 個の確率変数 $X_1, \cdots, X_K$ を要素にもつ確率ベクトル $(X_1, \cdots, X_K)^{\mathrm{T}} = X$、平均ベクトル $\mu = (\mu_1, \cdots, \mu_K)^{\mathrm{T}}$、$K \times K$ の正定値対称行列 $\Sigma = (\sigma_{ij})_{ij}$ とすると、 $MultiNormal(X \mid \mu, \Sigma) = \dfrac{1}{(2\pi)^{\frac{K}{2}}\sqrt{\lvert\Sigma\rvert}} \exp\left[-\dfrac{1}{2}(x-\mu)^{\mathrm{T}}\Sigma^{-1}(x-\mu)\right]$ ただし、$\lvert\Sigma\rvert$ は Σ の行列式となります。 このとき、$X \sim MultiNormal\ (\mu, \Sigma)$ と表します。
確率変数の値	X：各要素は実数
パラメータ	μ：各要素は実数 Σ：すべての固有値が正の実数
平均と分散	$E[X] = \mu, V[X] = \Sigma$

2.4 統計的推測と仮説検定の基礎定理

本章の最後に統計的推測や仮説検定の基礎をなす3つの定理「チェビシェフの不等式」、「大数（たいすう）の法則」、「中心極限定理」について説明します。

2.4.1 チェビシェフの不等式

確率変数 X の期待値が μ、分散が σ^2 のとき、k を正の実数とすると、

$$P(\lvert X - \mu \rvert \geq k\sigma) \leq \frac{1}{k^2}$$

が成り立ちます。この式を**チェビシェフの不等式**といいます。チェビシェフの不等式は、確率変数 X が期待値 μ から $k\sigma$ 以上離れた値をとる確率が $\dfrac{1}{k^2}$ 以下であることを意味しています。

例：$k=1, 2, 3$ のときのチェビシェフの不等式は、

$$P(|X-\mu| \geq k\sigma) \leq \frac{1}{k^2} = \begin{cases} 1\,(k=1) \\ 0.25\,(k=2) \\ 0.11\,(k=3) \end{cases}$$

となります。$k=3$ に着目すると、確率変数 X は期待値 μ から 3σ 以上離れた値をとる確率は 0.11 以下であると読み取れます。

例から、確率変数 X は期待値 μ から σ 以上離れた値をとる確率は 1 以下であると読み取れます。つまり、k が 1 以下の正の実数である場合、チェビシェフの定理は役に立たないことに注意してください。

2.4.2　大数の法則

確率変数 $X_1, \cdots, X_n$ が i.i.d で、$E[X_i]=\mu,\ V[X_i]=\sigma^2$ のとき、$\bar{X}=\dfrac{1}{n}\sum_{i=1}^{n} X_i$ とすると、

$$\lim_{n\to\infty} \bar{X} = \mu$$

が成り立ちます。このことを**大数の法則**といいます。

大数の法則は、i.i.d のもとでデータ数が大きくなるほど、確率変数 $X_1, \cdots, X_n$ の平均 $\bar{X}$ は確率分布の期待値 μ に収束することを意味しています。

2.4.3　中心極限定理

確率変数 $X_1, \cdots, X_n$ が i.i.d で、$E[X_i]=\mu,\ V[X_i]=\sigma^2$ のとき、$\bar{X}=\dfrac{1}{n}\sum_{i=1}^{n} X_i$ とすると、

$$\lim_{n \to \infty} \frac{\bar{X} - \mu}{\sqrt{\sigma^2/n}} \sim N(0, 1)$$

が成り立ちます。このことを**中心極限定理**といいます。

中心極限定理は、i.i.d のもとでデータ数が大きくなるほど、確率変数 $X_1, \cdots, X_n$ の平均 $\bar{X}$ を標準化したものは、正規分布に従うことを意味しています。

2章のまとめ

■事象と確率

- 事象：不確実性を伴う実験や観測の結果として起こる事柄のことです。
- 確率：ある事象が起こる確からしさの程度のことです。
- 同時確率 $P(A, B)$：2つの事象 A、B の積事象 $A \cap B$ の起こる確率です。
- A を所与とした B の条件付き確率 $P(B|A)$：事象 A が起こったときに事象 B が起こる確率です。；$P(B|A) = \dfrac{P(A, B)}{P(A)}$
- 事象 A と B が独立：A と B が互いに影響を与えないことです。；$P(A, B) = P(A)P(B)$

■確率分布

- 確率変数：試行の結果により値が決まり、その値をとる確率までもが決まっている変数のことです。
- 確率分布：確率変数と確率の対応関係のことです。
- 代表的な離散型確率分布として、離散一様分布、ベルヌーイ分布、二項分布、ポアソン分布があります。
- 代表的な連続型確率分布として、連続一様分布、正規分布、ベータ分布、ガンマ分布、カイ2乗分布、t 分布、F 分布があります。

■多次元確率分布

- i.i.d（independently and identically distributed：独立で同一の分布に従う）：$X_1, \cdots, X_n$ の周辺確率分布が同一であり、$f(x_1, \cdots, x_n) = g(x_1)\, g(x_2) \cdots g(x_n)$ が成り立つことです。
- 代表的な多次元確率分布として多項分布と多変量正規分布があります。

■統計的推測と仮説検定の基礎定理

- チェビシェフの定理：確率変数 X が期待値 μ から $k\sigma$ 以上離れた値をとる確率が $\frac{1}{k^2}$ 以下であることです。
- 大数の法則：i.i.d のもとでデータ数が大きくなるほど、確率変数 $X_1, \cdots, X_n$ の平均 $\bar{X}$ は確率分布の期待値 μ に収束することです。
- 中心極限定理：i.i.d のもとでデータ数が大きくなるほど、確率変数 $X_1, \cdots, X_n$ の平均 $\bar{X}$ を標準化したものは、正規分布に従うことです。

第3章

推測統計

データから母集団の特徴を推測する方法である推定と仮説検定を学習します。

キーワード：推測統計、点推定、区間推定、仮説検定、信頼区間、帰無仮説、対立仮説、有意水準、p 値

3.1 記述統計と推測統計

3.1.1 記述統計と推測統計

統計学では対象となる、あるいは興味のある集団のことを**母集団**といいます。母集団全体について、第1章で説明したような基本統計量を求めることでその特徴を記述するのが、**記述統計**となります。ただし、母集団全体について調査することは時間と費用が莫大に掛かるため、現実的には難しいことが多いです。例えば、母集団を大学生として睡眠時間を調査する場合、約263万人（2021年度）もいる大学生全員に調査することは至難の業でしょう。

母集団全体への調査が難しい場合、母集団の一部を抽出（サンプリング）することで、得られたデータ（標本）から母集団の特徴を推測する推定量を求めます。このような統計のことを**推測統計**といい、現在の社会科学研究の基礎となっています。記述統計と推測統計のイメージを示せば、次の図のようになります。

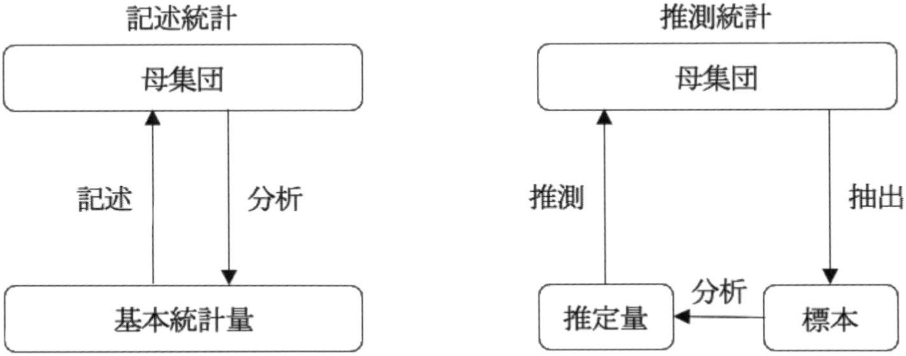

3.1.2 推測統計

推測統計は**推定**と**仮説検定**に大別されます。推定とは興味のあるパラメータの値を求めることであり、1つの値でパラメータを評価する**点推定**と、ある区間の幅でパラメータを評価する**区間推定**に分けられます。一方、仮説検定とはパラメータに関する仮説を立てて、得られたデータからその仮説を評価することです。

以下では、点推定、区間推定、仮説検定それぞれの概要を説明しますが、その前にそれぞれに共通する重要な概念について説明します。標本 $(X_1, \cdots, X_n)^{\mathrm{T}} = X$ の関数 $T(X)$ を**統計量**といい、その確率分布のことを**標本分布**といいます。そして、推定に用いられる統計量のことを**推定量**といい、$\hat{\theta}(X)$ で表します。また、標本 X の実現値（データ）$(x_1, \cdots, x_n)^{\mathrm{T}} = x$ から計算される統計量 $T(x)$ を**推定値**といい、$\hat{\theta}(x)$ と表します。

3.2 点推定

3.2.1 点推定の方法

点推定には最尤法や最小２乗法、そして第４章以降で扱うベイズ法 など様々な方法があります。以下では、代表的な方法の１つである**最尤法**を取り上げ、点推定が具体的にどのようなものであるかを説明します。

最尤法とは、データが得られる確率を最大とするパラメータを推定値とする方法のことです。標本 $X_1, \cdots, X_n$ の実現値を $(x_1, \cdots, x_n)^{\mathrm{T}} = x$、パラメータを θ、確率密度関数を $f(x|\theta)$ とするとき、$f(x|\theta)$ は x と θ の関数となります。ここで、$f(x|\theta)$ を θ の関数とみなした、

$$L(\theta|x) = f(x|\theta)$$

を**尤度関数**といいます。この尤度関数 $L(\theta|x)$ はパラメータ θ が与えられたときに、標本の実現値が得られる確率を θ の関数で考えたものとなります。

そして、x が i.i.d であるとき、

$$L(\theta|x) = f(x_1|\theta)\ f(x_2|\theta) \cdots f(x_n|\theta)$$

となります。このとき、$L(\theta|x)$ を最大とする θ の値 $\hat{\theta}(x)$ を最尤推定値、$\hat{\theta}(X)$ を最尤推定量といいます。

例：あるコインを６回投げた結果が｛表、表、裏、表、裏、表｝であったとします。このとき、このコインの表が出る確率を最尤推定法により求めます。

コインを投げる試行はベルヌーイ試行であるので、表が出る確率を π とすると、

$$f(x|\pi) = \pi^x (1-\pi)^{1-x}$$

に従います。よって、このときの尤度関数は、

$$\begin{aligned} L(\pi|x) &= f(x_1=1|\pi) f(x_2=1|\pi)\ f(x_3=0|\pi)\ f(x_4=1|\pi)\ f(x_5=0|\pi)\ f(x_6=1|\pi) \\ &= \pi^4 (1-\pi)^2 \end{aligned}$$

となります。$L(\pi|x) = \pi^4(1-\pi)^2$ のグラフは次のようになり、$\pi = \dfrac{2}{3}$ のときに最大となります。よって、表が出る確率 π の最尤推定値は $\pi = \dfrac{2}{3}$ です。

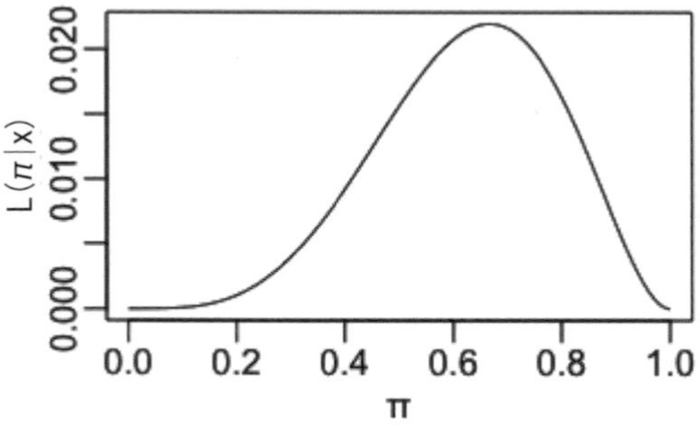

3.2.2 推定量の望ましい性質

推定量の精度を評価する観点として、推定量が有する望ましい性質である**不偏推定量**と一**致推定量**の概要を説明します。

(1) 不偏推定量

パラメータを θ、その推定量を $\hat{\theta}(X)$ として、

$$E[\hat{\theta}(X)]=\theta$$

を満たすとき、推定量 $\hat{\theta}(X)$ を不偏推定量といいます。つまり、不偏推定量は、推定量 $\hat{\theta}(X)$ の期待値がパラメータ θ と一致し、θ を中心に分布することを意味しています。

例：標本 $X_1, \cdots, X_n$ について、標本平均を $\bar{X}$、標本分散を S^2 とします。つまり、

$$\bar{X}=\frac{1}{n}(X_1+\cdots X_n)$$

$$S^2=\frac{1}{n}\{(X_1-\bar{X})^2+\cdots+(X_n-\bar{X})^2\}$$

とします。X が i.i.d で $N(\mu, \sigma)$ に従うとき、

$$E[\bar{X}]=\mu$$

$$E[S^2]=\frac{n-1}{n}\sigma^2$$

となることが知られています。つまり、標本平均 $\bar{X}$ の不偏推定量は μ、標本分散 S^2 の不偏推定量は $\frac{n-1}{n}\sigma^2$ となります。

(2) 一致推定量

パラメータを θ、その推定量を $\hat{\theta}(X)$ として、

$$\lim_{n\to\infty} P\{(\hat{\theta}(X)-\theta)<\varepsilon\}=0\ (\varepsilon\text{は任意の定数})$$

を満たすとき、推定量 $\hat{\theta}(X)$ を一致推定量といいます。つまり、一致推定量は、標本の大きさ n を大きくしたとき、推定量 $\hat{\theta}(X)$ がパラメータ θ に確率収束することを意味しています。

また、推定量の精度に関する指標として、**平均平方誤差**があります。平均平方誤差を $MSE[\theta, \hat{\theta}(X)]$ とすると、

$$MSE[\theta, \hat{\theta}(X)] = E[\{\hat{\theta}(X)-\theta\}^2]$$

と定義します。つまり、平均平方誤差は推定量とパラメータの差の2乗の期待値を意味しています。この平均平方誤差を展開すると、

$$MSE[\theta, \hat{\theta}(X)] = (E[\hat{\theta}(X)]-\theta)^2 + V[\hat{\theta}(X)]$$

となることが知られています（バイアス・バリアンス分解）。この $E[\hat{\theta}(X)]-\theta$ をバイアスといい、不偏推定量の場合には0となります。また、推定量の分散 $V[\hat{\theta}(X)]$ の正の平方根 $\sqrt{V[\hat{\theta}(X)]}$ を**標準誤差**といい、推定量の散らばりの程度を意味しています。

3.3 区間推定

3.3.1 区間推定の方法

パラメータ θ が区間 [L, U] に含まれる確率が $1-\alpha$ となるL、Uを推定することを**区間推定**といいます。つまり、区間推定とは、確率 $1-\alpha$ を予め決定した上で、

$$P(L \leq \theta \leq U) = 1-\alpha$$

を満たすLとUを求めることです。$1-\alpha$を**信頼係数**、区間［L, U］を**100（$1-\alpha$）%信頼区間**（100（$1-\alpha$）%CI）、Lを**下側信頼限界**、Uを**上側信頼限界**といいます。なお、αには0.001や0.01、0.05が慣習的に使用されます。

100($1-\alpha$)%信頼区間は「パラメータθが100($1-\alpha$)%の確率で含まれる区間［L, U］」ではなく、「信頼区間の推定を繰り返すと、そのうち100($1-\alpha$)%はパラメータθを含んでいる区間［L, U］」を意味していることに注意してください。

例：$\alpha=0.05$つまり95%信頼区間について、その意味を確認します。95%信頼区間は「パラメータθが95%の確率である区間」ではなく「信頼区間の推定を繰り返すと、そのうち95%はパラメータθを含んでいる区間［L, U］」を意味しています。つまり、95%信頼区間は「信頼区間に関する推定を100回繰り返したとき、そのうち95回は区間［L, U］にパラメータθが含まれる（逆に、20回に1回は含まれない）」のです。

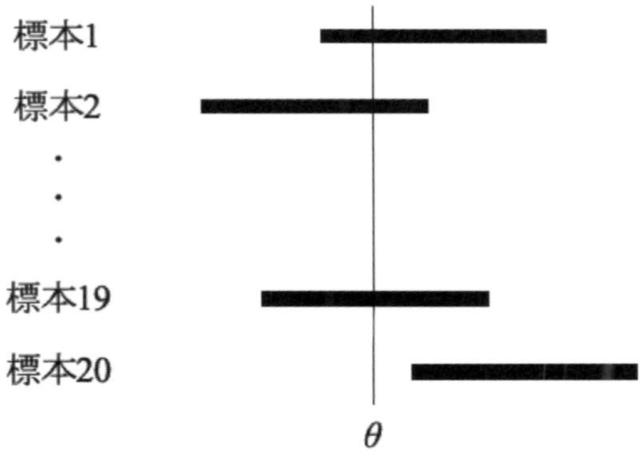

3.3.2 区間推定の具体例

区間推定の実際を理解するために、その具体例として母平均の区間推定について説明します。標本$X_1, \cdots, X_n$がi.i.dで$N(\mu, \sigma)$に従うとき、標本平均$\bar{X}$は

$$\bar{X} \sim N\left(\mu, \frac{\sigma}{\sqrt{n}}\right)$$

となることが知られています。これを標準化すると、

$$\frac{\bar{X}-\mu}{\frac{\sigma}{\sqrt{n}}} \sim N(0, 1)$$

となります。

ここで、$N(0, 1)$ について、$z_{\frac{\alpha}{2}}$ より大きい確率が $\frac{\alpha}{2}$ とすると、図のようになります。

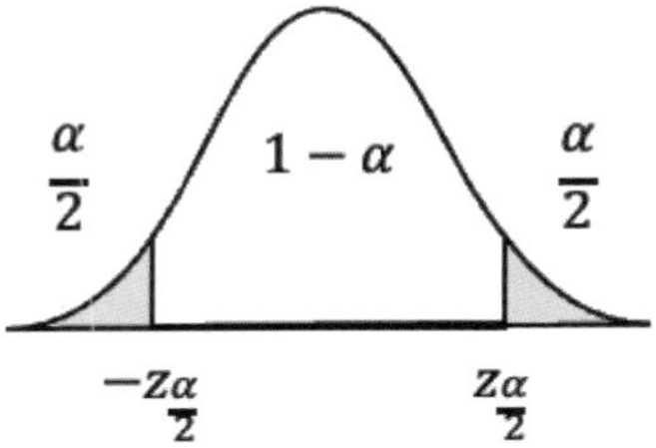

$N(0, 1)$ は平均0について左右対称な確率分布であるので、$-z_{\frac{\alpha}{2}}$ 未満となる確率も $\frac{\alpha}{2}$ となります。そして、$-z_{\frac{\alpha}{2}}$ 以上 $z_{\frac{\alpha}{2}}$ 以下となる確率は $1-2\times\frac{\alpha}{2}=1-\alpha$ となるので、

$$P\left(-z_{\frac{\alpha}{2}} \leq \frac{\bar{X}-\mu}{\frac{\sigma}{\sqrt{n}}} \leq z_{\frac{\alpha}{2}}\right)=1-\alpha$$

$$P\left(\bar{X}-z_{\frac{\alpha}{2}}\frac{\sigma}{\sqrt{n}} \leq \mu \leq \bar{X}+z_{\frac{\alpha}{2}}\frac{\sigma}{\sqrt{n}}\right)=1-\alpha$$

となります。

例：クリームパン5個に含まれるクリームの量が12g、15g、12g、16g、11gであったとき、クリームの量の母平均 μ を区間推定します。クリームの量の標準偏差が $\sigma=0.5$ であると知られているとき、母平均 μ の95%信頼区間は

$$13.2-z_{\frac{0.05}{2}}\frac{0.5}{\sqrt{5}}<\mu<13.2+z_{\frac{0.05}{2}}\frac{0.5}{\sqrt{5}}$$

となります。$z_{\frac{0.05}{2}} = z_{0.025} = 1.96$ であるので、母平均 μ の95%信頼区間は［12.76, 13.64］となります。

3.4 仮説検定

3.4.1 仮説検定の方法

仮説検定とは、高校数学で学習する背理法と類似した考え方に基づいて、興味のあるパラメータに関する仮説を立て、得られたデータから仮説を評価することです。そもそも、背理法とは次のような考え方です。

① 命題「A である」を証明する。
② 否定した命題「A ではない」を仮定する。
③「A ではない」という仮定の矛盾を見つけ、否定する。
④「A である」が証明された。

一方、仮説検定は次のような考え方です。

①「母平均は μ と異なる」を証明する。
②「母平均は μ と等しい」を仮定する。
③ 得られたデータから「母平均は μ と等しい」という仮定の矛盾を見つけ、否定する。
④「母平均は μ と異なる」が証明された。

背理法と仮説検定の大きな違いは、③の手順にあります。具体的には、背理法では数学的な矛盾を導くのですが、仮説検定では得られたデータをもとに確率の観点から矛盾を導きます。仮説検定では確率に基づく判断を行うため、間違いを犯す可能性があるということです。

ここから仮説検定の実際の手順について説明します。仮説検定の手順を図で示すと、次のようになります。

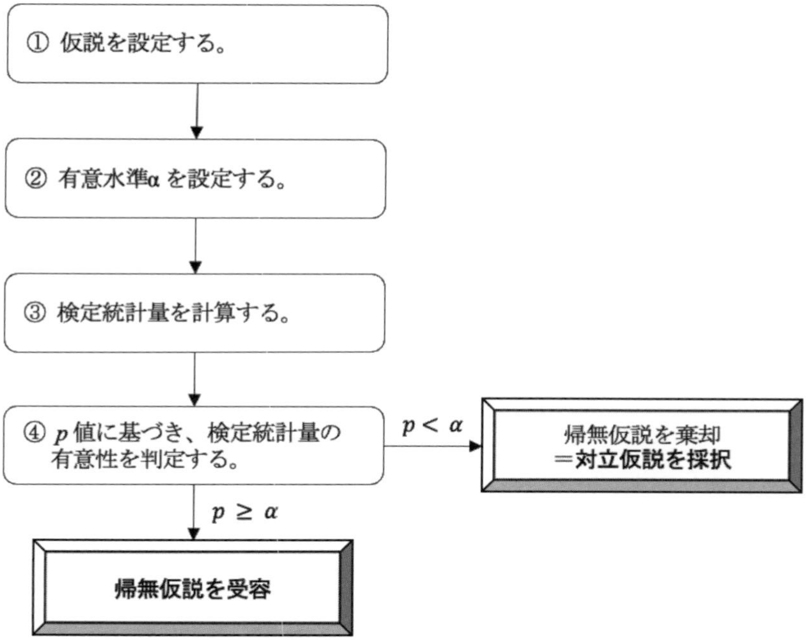

手順①：仮説を設定する。

仮説検定では**帰無仮説**と**対立仮説**と呼ばれる２つの仮説を立てます。帰無仮説とは「母平均は $\mu=0$ である」のように、否定されてほしい、「無に帰したい」仮説のことで、H_0 と表します。一方、対立仮説とは「母平均は $\mu=0$ でない」のように、帰無仮説と相反する仮説であり、H_1 と表します。

また、対立仮説は**両側対立仮説**と**片側対立仮説**の２種類に大別されます。両側対立仮説とは「母平均は $\mu=0$ でない」のように、パラメータがある値と異なるかどうかという対立仮説のことです。一方、片側対立仮説とは「母平均は $\mu>0$ である」のように、パラメータがある値より大きい（小さい）かどうかという対立仮説のことです。そして、それぞれの対立仮説を用いる仮説検定のことを、**両側検定**、**片側検定**といいます。

帰無仮説	両側対立仮説	片側対立仮説
母平均 $\mu=0$	$\mu\neq0$	$\mu>0$ or $\mu<0$
２群の母平均 $\mu_A=\mu_B$	$\mu_A\neq\mu_B$	$\mu_A>\mu_B$ or $\mu_A<\mu_B$
母相関係数 $\rho=0$	$\rho\neq0$	$\rho>0$ or $\rho<0$

手順②：有意水準αを設定する。

帰無仮説と対立仮説に関する判断には、**第１種の過誤**と**第２種の過誤**と呼ばれる２つの誤りを犯す可能性があります。第１種の過誤とは対立仮説が偽である場合に対立仮説を採択してしまう誤りのことで、偽陽性とも呼ばれます。つまり、「肯定されてほしい仮説を誤って正しいと言ってしまう」ことが第１種の過誤です。一方、第２種の過誤とは対立仮説が真である場合に帰無仮説を受容してしまう誤りのことで、偽陰性とも呼ばれます。つまり、「肯定されてほしい仮説を誤って間違っていると言ってしまう」ことが第２種の過誤です。第１種の過誤を犯す確率をα、第２種の過誤を犯す確率をβとすると、次の表のようにまとめられます。

分析者＼事実	H_1 が真	H_1 が偽
H_1 が真	正しい判断 $1-\beta$	第１種の過誤 α
H_1 が偽	第２種の過誤 β	正しい判断 $1-\alpha$

第１種の過誤を犯す確率αは**有意水準**といい、「肯定されてほしい仮説を誤って正しいと言ってしまう確率」を意味しています。有意水準αは慣習的に0.001、0.01、0.05が用いられます。

また、確率$1-\beta$を**検出力**といい、「肯定されてほしい仮説を正しく言い切る確率」を意味しています。近年の研究では検出力の重要性が指摘されており、検出力に基づいて実験や調査を設計することも増えてきています。検出力$1-\beta$を高くするには、有意水準αを小さくする、あるいは標本の大きさを大きくするとよいです。

手順③：検定統計量を計算する。

仮説検定に用いる統計量のことを**検定統計量**といい、Tと表します。次の段階では、H_0のもとでの確率分布に対応させて、H_0のもとで検定統計量が得られる確率を算出します。

手順④：p値に基づき、検定統計量の有意性を判定する。

H_0が真の場合の検定統計量の確率分布を**帰無分布**といいます。帰無分布においてα未満の確率が起こる範囲を**棄却域**、棄却域以外の範囲を**受容域**、棄却域と受容域の境目となる値を**臨界値**といいます。棄却域、受容域、臨界値は、次の図のようになります。

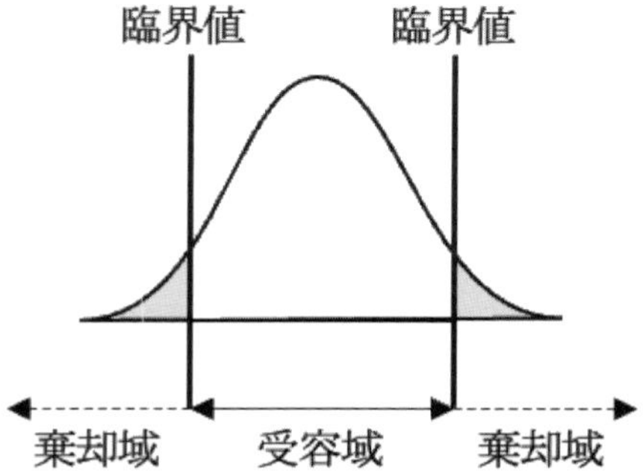

そして、検定統計量が棄却域に含まれるとき、H_0とは矛盾したことが起きたと考えて、H_0を棄却し、H_1を採択します。このことを「**有意水準αで有意である**」といいます。

また、この段階でとりわけよく用いられる指標として、**p値**があります。p値とは帰無分布のもとで検定統計量Tの実現値tが得られる確率のことで、

- 片側検定：$P(T \geq t|H_0)$ or $P(T \leq t|H_0)$
- 両側検定：$2\min\{P(T \geq t|H_0), P(T \leq t|H_0)\}$

と定義されます。p 値は誤用が多い指標であるため、使用を禁止する研究領域が近年出てきています。その中で、アメリカ統計学会は 2016 年 3 月に p 値に関する 6 つの原則を提示しました。6 つの原則は次の通りです。

① p 値はデータが特定の統計モデル（帰無分布）とどの程度整合しないかの指標である。
② p 値は研究している仮説が正しい確率や、データが偶然得られる確率ではない。
③ p 値自体はモデルや仮説に関する良いエビデンスを提供しない。
④ p 値や統計的有意性は、効果の大きさや結果の重要性を測定していない。
⑤ 科学やビジネス、政策では、p 値が一定の値に達したかで決定を行うべきではない。
⑥ 適切な推測には十分な報告と明白さが求められる。

3.4.2 仮説検定の具体例

仮説検定の実際を理解するために、その具体例として母平均の検定について説明します。

例：ある学習講座を中学生 20 人が受講したところ、テストの平均点は 65 点、標準偏差は 10 点でした。学習講座を受講していない中学生では、テストの平均点が 55 点、標準偏差が 10 点であるとします。このとき、ある学習講座を受講した生徒としていない生徒ではテストの平均点が異なるかどうかを有意水準 5 % で検定します。

学習講座を受講した生徒のテスト得点の母平均を μ とします。

手順①

H_0 : $\mu = 55$

H_1 : $\mu \neq 55$

手順②

$\alpha = 0.05$

手順③

検定統計量を Z、標本平均を $\bar{X}$ とすると、H_0 のもとでは

$$Z = \frac{\bar{X} - \mu}{\frac{\sigma}{\sqrt{n}}} \sim N(0, 1)$$

となることが知られています。検定統計量の実現値を z とすると、

$$z = \frac{65 - 55}{\frac{10}{\sqrt{20}}} \fallingdotseq 4.47$$

手順④

棄却域は $z_{\frac{\alpha}{2}} = z_{0.025} = 1.96$ であるので、H_0 を棄却し、H_1 を採択します。つまり、ある学習講座を受講した中学生の方がテストの平均点が 55 点よりも 5 ％水準で有意に高いことが示されました。

3章のまとめ

■推測統計

- 統計量：標本の関数のことです。
- 推定量：推定に用いられる統計量のことです。
- 推定値：標本の実現値（データ）から計算される統計量のことです。

■点推定：１つの値でパラメータを評価する推定方法

- 最尤法：データが得られる確率を最大とするパラメータを推定値とする方法です。
- 不偏推定量：推定量の期待値がパラメータ θ と一致し、θ を中心に分布することです。
- 一致推定量：標本の大きさを大きくしたとき、推定量がパラメータ θ に確率収束することです。

■区間推定：パラメータ θ が区間［L, U］に含まれる確率が $1-\alpha$ となるL、Uを推定すること

- $100(1-\alpha)$％信頼区間：信頼区間の推定を繰り返すと、そのうち $100(1-\alpha)$％はパラメータ θ を含んでいる区間［L, U］のことです。

■仮説検定

- 帰無仮説：「母平均は $\mu=0$ である」のように、否定されてほしい、「無に帰したい」仮説のことです。
- 対立仮説：「母平均は $\mu=0$ でない」のように、帰無仮説と相反する仮説のことです。
- 第１種の過誤：対立仮説が偽である場合に対立仮説を採択してしまう誤りです。
- 第２種の過誤：対立仮説が真である場合に帰無仮説を受容してしまう誤りです。
- 有意水準 α ：第１種の過誤を犯す確率です。

- 帰無分布：帰無仮説が真の場合の検定統計量の確率分布です。
- 棄却域：帰無分布においてα未満の確率が起こる範囲です。
- 有意水準αで有意である：帰無仮説を棄却し、対立仮説を採択することです。
- p値：帰無分布のもとで検定統計量の実現値が得られる確率です。

第 4 章

ベイズ法

ベイズの定理とベイズ法の基本について学習します。

キーワード：ベイズの定理、ベイズ法、事前分布、尤度、正規化定数、事後分布、EAP 推定量、MAP 推定量、信用区間、ベイズ因子、無情報事前分布、共役事前分布

4.1 ベイズの定理

4.1.1 ベイズの定理

ここから本書の主題である「ベイズ」について説明します。まず、**ベイズの定理**について説明します。

x と y の同時確率 $p(x, y)$ は

$$p(x, y) = p(x|y)p(y) \tag{1}$$

$$p(x, y) = p(y|x)p(x) \tag{2}$$

となりました。ここで、(2)式を(1)式に代入すると、

$$p(y|x)p(x) = p(x|y)p(y)$$

$$p(y|x)=\frac{p(x|y)p(y)}{p(x)} \tag{3}$$

となり、この(3)式を**ベイズの定理**といいます。ベイズの定理では、「x が与えられたときに、y が起こる確率 $p(y|x)$」を「y が与えられたときに、x が起こる確率 $p(x|y)$」、「y が起こる確率 $p(y)$」、「x が起こる確率 $p(x)$」から求めています。

ベイズの定理では、y が興味のあるパラメータ、x がデータとなります。$p(y)$ はパラメータが得られる確率を事前に定めるものであり、**事前確率**といいます。$p(x|y)$ はパラメータが与えられたときにデータが得られる確率、つまりパラメータのもっともらしさに関する確率であり、**尤度**といいます。$p(x)$ はデータの得られる確率であり、**正規化定数**といいます。そして、$p(y|x)$ はデータが得られた後に求められる確率であり、**事後確率**といいます。

4.1.2 ベイズの定理の具体例

ベイズの定理の理解を深めるために、中学校や高校で扱われる問題にベイズの定理を適用してみます（なお、いずれの問題もベイズの定理を適用しなくても解決できます）。

(1) Boy or girl 問題

ある家族には子どもが2人いますが、そのうち1人は男であることがわかっています。このとき、もう1人が男である確率を求めます（ただし、男と女の生まれる確率はそれぞれ1/2とします）。子ども2人のうち1人が男であることを x、2人とも男であることを y とすると、求める確率は、

$$p(y|x)=\frac{p(x|y)p(y)}{p(x)}$$

となります。

長子	次子	
男	男	（男、男）
	女	（男、女）
女	男	（女、男）
	女	（女、女）

上の図より、$p(x|y)=1, p(y)=\dfrac{1}{4}$，$p(x)=\dfrac{3}{4}$ となるので、

$$p(y|x)=\frac{1}{3}$$

となります。

(2) 検査で陽性であったときに感染している確率

A 国では0.01％の確率である病気に感染しています。検査によって、感染している人が陽性だと判定される確率（真陽性率）が98％、感染していない人が陽性だと判定される確率（偽陽性率）が１％であるとします。このとき、検査で陽性であったときに感染している確率を求めます。感染していることを y、感染していないことを $\bar{y}$、陽性であることを x とすると、求める確率は、

$$p(y|x)=\frac{p(x|y)p(y)}{p(x)}$$

となります。

- 陽性(x)
  - 感染(y)　$0.0001\times0.98=0.000098$
  - 未感染($\bar{y}$)　$0.9999\times0.01=0.009999$
- 陰性($\bar{x}$)
  - 感染(y)
  - 未感染($\bar{y}$)

上の図より、$p(x|y)=0.98,\ p(y)=0.0001,\ p(x)=0.000098+0.009999=0.010097$ となるので、

$$p(y|x)\fallingdotseq 0.097\,(9.7\%)$$

となります。真陽性率が98%と高いにも関わらず、検査で陽性であったときに感染している確率は約9.7%となるのに驚く方もいるかもしれません（さらに、この結果から検査自体が無駄だ！　という人もいるかもしれません)。このような結果が得られたのは、事前確率$p(y)$が0.01%と低いことによります。現に、$p(y)$が１%であったとすると、

$$p(y|x)\fallingdotseq 0.4950\,(49.50\%)$$

と確率は高くなります。このように、事前確率の値によって事後確率の値が大きく変わることは、ベイズの定理の特徴の１つです。

4.2　ベイズ法

4.2.1　ベイズ法

ベイズ法とはベイズの定理の考え方を用いて、興味のあるパラメータを推定する方法です。標本 $X_1,\cdots,X_n$ の実現値を $(x_1,\cdots,x_n)^{\mathrm{T}}=x$、パラメータを$\theta$、確率密度関数（離散型確率変数の時には確率質量関数）を$f(x|\theta)$とします。このとき、ベイズの定理から、

$$f(\theta|x)=\frac{f(x|\theta)f(\theta)}{f(x)} \tag{4}$$

となります。ここで、(4)式の分母$f(x)$は$f(x,\ \theta)$をθについて積分計算すると求めることが

できます。つまり、

$$f(x)=\int f(x,\theta)\,d\theta=\int f(x|\theta)f(\theta)\,d\theta \tag{5}$$

となります。(4)式の分母に(5)式を代入すると、

$$f(\theta|x)=\frac{f(x|\theta)f(\theta)}{\int f(x|\theta)f(\theta)\,d\theta} \tag{6}$$

となります。この(6)式について、$f(\theta)$ は x が得られる前の θ の確率分布であるため**事前分布**、$f(\theta|x)$ は x が得られた後の θ の確率分布であるため**事後分布**といいます。そして、$f(x|\theta)$ を**尤度関数**、$\int f(x|\theta)f(\theta)\,d\theta$ を**正規化定数**といいます。正規化定数 $\int f(x|\theta)f(\theta)\,d\theta$ はその名の通り「定数」であるので、事後分布 $f(\theta|x)$ は尤度 $f(x|\theta)$ と事前分布 $f(\theta)$ に比例すると考えて、

$$f(\theta|x)\propto f(x|\theta)f(\theta)$$

と表すことができます[1]。つまり、ベイズ法とは興味のあるパラメータ θ の事後分布 $f(\theta|x)$ を尤度 $f(x|\theta)$ と事前分布 $f(\theta)$ から求めることで、θ を推測する方法となります。

例：標本 $X_1,\cdots,X_n$ の実現値 $(x_1,\cdots,x_n)^{\mathrm{T}}=x$ が i. i. d でベルヌーイ分布に従うとき、

$$f(x|\theta)=f(x_1|\theta)\cdots f(x_n|\theta)=\prod_{i=1}^{n}\theta^{x_i}(1-\theta)^{1-x_i}$$

となります。ここで、θ がベータ分布 $Be(a,b)$ に従うとすると、事前分布 $f(\theta)$ は

$$f(\theta)=\frac{1}{Be(a,b)}\theta^{a-1}(1-\theta)^{b-1}$$

となります。このとき、事後分布 $f(\theta|x)$ は

$$f(\theta|x)=Be\left(a+\sum_{i=1}^{n}x_i,\ b+n-\sum_{i=1}^{n}x_i\right)$$

となることが知られています。

　具体例として、ある家電の所有率 θ を推測します。10人に聞き取りしたところ、3人が

1　∝は比例することを表しています。

その家電を持っていたとします。事前分布 $f(\theta)$ が $Be(1, 1)$ に従うとすると、事後分布 $f(\theta|x)$ は

$$f(\theta|x) = Be(1+3, 1+10-3) = Be(4, 8)$$

となります。$Be(4, 8)$ の確率分布は次のような形状となります。

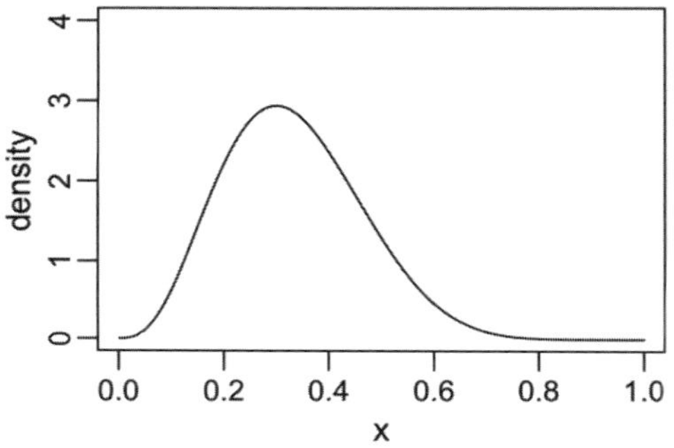

興味のあるパラメータの事後分布 $f(\theta|x)$ を求めた後、その分布に基づいて点推定や区間推定、仮説検定を行うことができます。以下では、それぞれについて説明します。

4.2.2 ベイズ法による点推定

ベイズ法の代表的な点推定量として、EAP（expected a posterior）**推定量**と MAP（maximum a posterior）**推定量**があります。

(1) EAP 推定量

θ の事後分布 $f(\theta|x)$ の期待値を用いた点推定量のことで、

$$\hat{\theta}_{EAP} = \int \theta \cdot f(\theta|x)\,d\theta$$

と定義されます。

θ の点推定量を $\hat{\theta}$ とすると、パラメータと点推定量のズレの２乗である２乗損失の期待値

$$\int |\theta - \hat{\theta}|^2 \cdot f(\theta|x)\,d\theta$$

を最小にするのがEAP推定量であることが知られています。

(2) MAP推定量

θの事後分布$f(\theta|x)$の最頻値を用いた点推定量のことで、

$$\hat{\theta}_{MAP}=\arg\max f(\theta|x)$$

と定義されます[2]。

> **例**：先の家電の所有率について、
>
> $$\hat{\theta}_{EAP}=\frac{4}{4+8}=\frac{4}{12}\fallingdotseq 0.33,\ \hat{\theta}_{MAP}=\frac{4-1}{4+8-2}=\frac{3}{10}=0.3$$
>
> となります。

4.2.3　ベイズ法による区間推定

ベイズ法による区間推定では、**信用区間**（**credible interval**）を用います。$100(1-\alpha)$%信用区間［L, U］は

$$\int_L^U f(\theta|x)\,d\theta=1-\alpha$$

と定義されます。つまり、$100(1-\alpha)$%信用区間とは「パラメータθの含まれる確率が$100(1-\alpha)$%となる区間［L, U］」のことであり、「信頼区間」とは異なるものとなります[3]。

信用区間［L, U］の代表的な取り方として、**ETI**（**equal-tailed interval：等裾区間**）と**HPDI**（**Hyper posterior density interval：最高事後密度区間**）の2つがあります。

(1) ETI

$\int_L^U f(\theta|x)$の両端から確率$\frac{\alpha}{2}$の面積ずつくり抜いた区間となります。HPDIと異なり、求めることが簡単で、左右対称の確率分布のときには有効です。

2　arg maxは、「最大値を与える値の集合」のことです。

3　$100(1-\alpha)$%信頼区間は「信頼区間の推定を繰り返すと、そのうち$100(1-\alpha)$%はパラメータθを含んでいる区間［L, U］」でした（p. 63～64参照）。

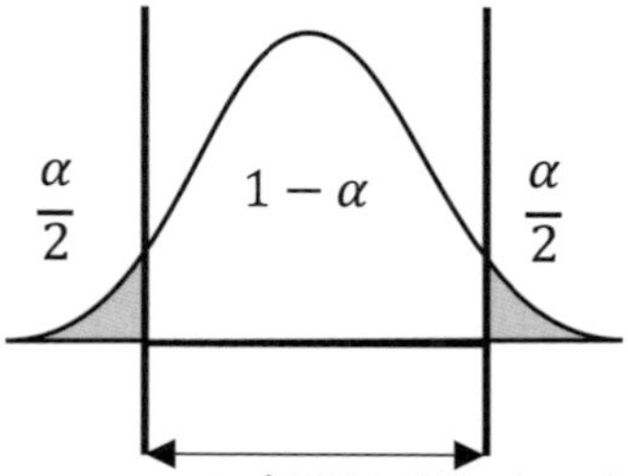

$100(1-\alpha)$%信用区間（ETI）

ただし、ETI は両端から確率 $\frac{\alpha}{2}$ の面積ずつくり抜いた区間であるため、左右対称ではない確率分布のときに MAP 推定値を含まない可能性があります。その例を、下に示します。

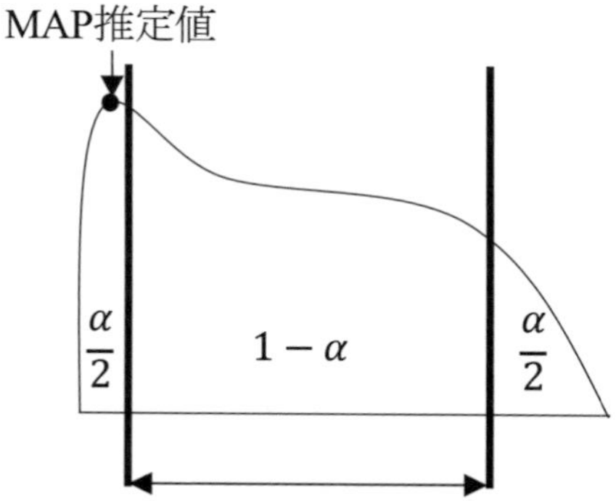

$100(1-\alpha)$%信用区間（ETI）

（2）HPDI

HPDI は次の２つの条件を満たすように取り出した区間のことです。

① 区間を含む確率が $1-\alpha$

② 区間外よりも区間内の密度の方が大きい

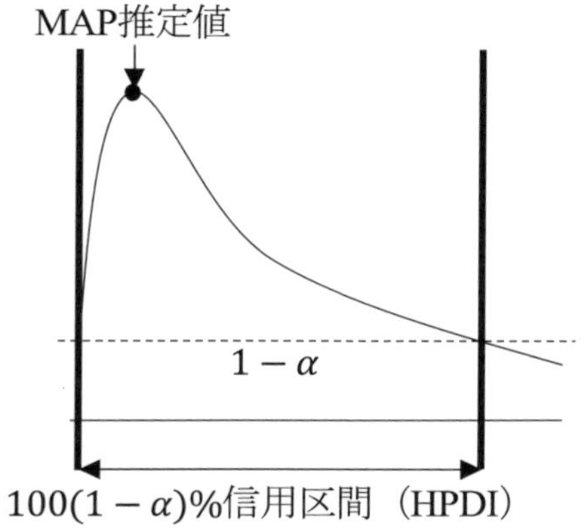

HPDIは区間外よりも区間内の密度が大きくなるので、ETIと異なり必ずMAP推定値を含み、左右対称ではない確率分布においても有効です。

例：先の家電所有率について、$\alpha=0.05$、つまり95%信用区間を求めると、

$$\mathrm{ETI}=[.110,\ .610],\ \mathrm{HPDI}=[.093,\ .588]$$

となります。

4.2.4 ベイズ法による仮説検定

ベイズ法による仮説検定では、**ベイズ因子（bayes factor：ベイズファクター、ベイズ因数）**という指標を用います。帰無仮説 H_0 におけるパラメータ θ の事後分布は

$$f(\theta|x,H_0)=\frac{f(x|\theta,H_0)\,f(\theta|H_0)}{f(x|H_0)}$$

となります。同様に、対立仮説 H_1 におけるパラメータ θ の事後分布は

$$f(\theta|x,H_1)=\frac{f(x|\theta,H_1)\,f(\theta|H_1)}{f(x|H_1)}$$

となります。このとき、それぞれの分母は

$$f(x|H_0)=\int f(x|\theta,H_0)\,f(\theta|H_0)\,d\theta$$

$$f(x|H_1)=\int f(x|\theta,H_1)\,f(\theta|H_1)\,d\theta$$

となり、パラメータ θ のとりうる値すべてを考慮したときの、データに対する帰無仮説と対立仮説のもっともらしさを表しています。そこで、$f(x|H_0)$ と $f(x|H_1)$ の比である

$$B_{01}=\frac{f(x|H_0)}{f(x|H_1)}=\frac{\int f(x|\theta,H_0)f(\theta|H_0)\,d\theta}{\int f(x|\theta,H_1)\,f(\theta|H_1)\,d\theta}$$

を対立仮説に対する帰無仮説のベイズ因子 B_{01} と定義します。B_{01} は「対立仮説に対して帰無仮説が何倍もっともらしいか」を示すもので、SPSS では以下の基準が用いられています。

ベイズ因子 B_{01} の大きさ	目安
$B_{01}>100$	帰無仮説に対する最高レベルの証拠
$30<B_{01}\leq 100$	帰無仮説に対する非常に強い証拠
$10<B_{01}\leq 30$	帰無仮説に対する強い証拠
$3<B_{01}\leq 10$	帰無仮説に対する中程度の証拠
$1<B_{01}\leq 3$	帰無仮説に対する不確かな証拠
$B_{01}=1$	証拠なし
$\frac{1}{3}\leq B_{01}<1$	対立仮説に対する不確かな証拠
$\frac{1}{10}\leq B_{01}<\frac{1}{3}$	対立仮説に対する中程度の証拠
$\frac{1}{30}\leq B_{01}<\frac{1}{10}$	対立仮説に対する強い証拠
$\frac{1}{100}\leq B_{01}<\frac{1}{30}$	対立仮説に対する非常に強い証拠
$B_{01}<\frac{1}{100}$	対立仮説に対する最高レベルの証拠

また、ベイズ因子には、対立仮説に対する帰無仮説のベイズ因子 B_{01} だけではなく、帰無仮説に対する対立仮説のベイズ因子 B_{10} もあります。ベイズ因子 B_{10} は

$$B_{10} = \frac{f(x|H_1)}{f(x|H_0)} = \frac{\int f(x|\theta, H_1)\, f(\theta|H_1)\, d\theta}{\int f(x|\theta, H_0)\, f(\theta|H_0)\, d\theta} = \frac{1}{B_{01}}$$

となり、B_{01} とは逆数の関係にあります。SPSS では、分析によって用いる B_{01} と B_{10} を使い分けているので、どちらを用いているのか必ず確認しましょう。

4.2.5 事前分布の設定

ベイズ法では事前分布によって、得られる事後分布やパラメータの推定結果は大きく変わってきます。そのため、ベイズ法ではどのように事前分布を選択するのかが重要となります。事前分布の選び方は、大きく２つの場合に分けることができます。

(1) 使用できる事前情報が全くない、あるいは事前情報を使用したくないとき

- $N(0, 100000)$ のように、幅が広く平らな形状の正規分布
- $Be(1, 1)$ や一様分布
- ジェフェリーズ事前分布[4]

など**無情報事前分布**と呼ばれる事前分布を使用します。ベイズ法による分析では、無情報事前分布を設定することが多いです。また、無情報事前分布を用いると、事後分布の MAP 推定量が最尤推定量と一致することが知られています。

(2) 使用できる事前情報があるとき

① 過去のデータをデータや専門家の意見をもとに決定します。専門家からパラメータの代表値や信用区間を聞き取り、近似的に等しい統計量をもつ事前分布を使用します。

② 求めた事後分布を次の事前分布として使用します。例えば、１回目の調査で得られたパラメータの事後分布を、２回目の調査でのパラメータの事後分布を求めるときの事前分布として使用します。

4　事前分布がパラメータ変換で変わらず、$p(\theta) \propto \sqrt{\det I(\theta)}$ となる確率密度関数をもつ事前分布のことです。なお、det は行列式、$I(\theta)$ はフィッシャー情報行列のことです。

また、(1)と(2)両方の場合において、**共役事前分布**と呼ばれる事前分布を使用することがあります。共役事前分布とは、事前分布と事後分布が同じ種類の確率分布となるように設定された事前分布のことです。代表的な共役事前分布として、次のものがあります。

共役事前分布	尤度	事後分布
ベータ分布	二項分布	ベータ分布
ベータ分布	ベルヌーイ分布	ベータ分布
正規分布	正規分布	正規分布
ガンマ分布	ポアソン分布	ガンマ分布

共役事前分布は理論的に扱いやすく、かつ計算が速いことから、事前分布としてよく使用されてきました。現に、SPSS においても共役事前分布が多く使用されています。しかし、コンピュータの性能が向上した現在では、「共役」という制約を外して自由な事前分布を設定することのメリットの方が大きいと指摘する人が増えてきています。

4.2.6 積分計算

ベイズ法では事後分布の導出や要約などで積分計算が必要となります。ここでは、SPSS のベイズ法で使用される数値積分法とモンテカルロ積分について説明します。

(1) 数値積分法

$$\int_a^b g(x)\,dx = \sum_{i=1}^{N} f(x_i)\,w_i$$

によって、定積分を近似的に求めることを数値積分法といいます。もう少し具体的に説明すると、積分区間 $[a, b]$ を等間隔に N 等分することで、長方形や台形などの図形に分割し、それらの面積を足すことで、定積分を近似的に求めることです。

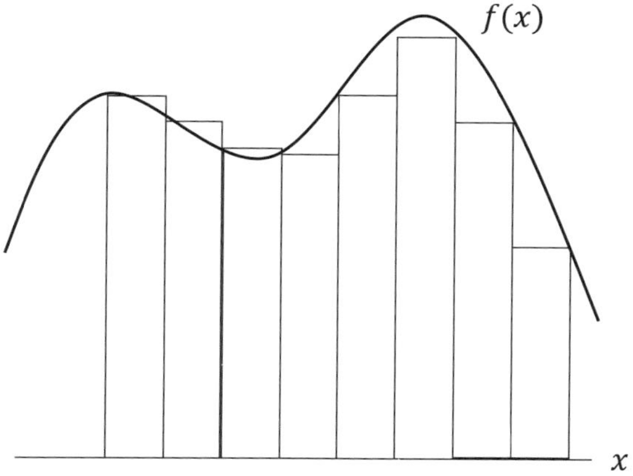

SPSSでは、数値積分法の中でも積分区間の両端が-1と1に固定されたガウス・ロバート求積が使用されます。

(2) モンテカルロ積分

数値積分法は低次元の積分では有効ですが、高次元の積分では近似がうまくいきません。そこで、積分計算に確率の考え方を導入します。近似したい積分を$\int f(x)p(x)\,dx$、$p(x)$を確率分布Pの確率密度関数、X_iをPに従う乱数[5]の列とするとき、モンテカルロ積分は

$$\int f(x)p(x)\,dx = \lim_{N \to \infty} \sum_{i=1}^{N} f(X_i)$$

と表すことができます。つまり、モンテカルロ積分とは、確率分布からランダムに生成された標本が十分に大きいとき、その平均値によって積分を近似的に求めることです。

積分計算に関する具体的な計算は本書のレベルを超えるので取り上げませんが、興味のある人は参考文献にあげた鎌谷・駒木（2020）などを参照してください。

[5] ランダムに生成された数のことです。

4章のまとめ

■ベイズの定理

- 式で表すと、$p(y|x)=\dfrac{p(x|y)p(y)}{p(x)}$となります。つまり、「$x$が与えられたときに、$y$が起こる確率$p(y|x)$」を「$y$が与えられたときに、$x$が起こる確率$p(x|y)$」、「$y$が起こる確率$p(y)$」、「$x$が起こる確率$p(x)$」から求めています。

■ベイズ法

- ベイズ法とは興味のあるパラメータθの事後分布$f(\theta|x)$を尤度$f(x|\theta)$と事前分布$f(\theta)$から求めることで、θについて推測する方法です。式で表すと、次のようになります。

$$f(\theta|x)=\frac{f(x|\theta)f(\theta)}{\int f(x|\theta)f(\theta)d\theta}\propto f(x|\theta)f(\theta)$$

- EAP推定量：θの事後分布$f(\theta|x)$の期待値を用いた点推定量です。
- MAP推定量：θの事後分布$f(\theta|x)$の最頻値を用いた点推定量です。
- $100(1-\alpha)$%信用区間：パラメータθの含まれる確率が$100(1-\alpha)$%となる区間[L, U]
- ベイズ因子B_{01}：「対立仮説に対して帰無仮説が何倍もっともらしいか」を示すものです。
- 事前分布の選択
  - ▶ 使用できる事前情報が全くない、あるいは事前情報を使用したくないとき
    - ☆ $N(0, 100000)$や$Be(1, 1)$などの無情報事前分布を使用します。
  - ▶ 使用できる事前情報があるとき
    - ☆ 過去のデータをデータや専門家の意見、求めた事後分布を事前分布にします。
- 共役事前分布：事前分布と事後分布が同じ種類の確率分布となるように設定された事前分布です。

第5章

1標本の母比率の検定

データから推測される母比率とすでに明らかになっている、あるいは比較したい母比率が異なるかを検討する「1標本の母比率の検定」について学習します。

キーワード：1標本の母比率の検定

5.1 1標本の母比率の検定

5.1.1 1標本の母比率の検定

1標本の母比率の検定とは、すでに明らかになっている、あるいは比較対象としたい母比率 θ_0 と、得られたデータの母比率 θ が異なるかどうかを検討する方法です。例えば、次のような場面で1標本の母比率の検定は行われます。

- A工場での不良品の発生率は昨年度25%でした。機械整備などを行ったところ、無作為に取り出した製品100個のうち不良品は15個、つまり不良品の発生率は15%でした。昨年度から、不良品の発生率は下がったといえるでしょうか？
- 病気Bの罹患率は0.1%といわれています。ある都市で病気Bの罹患率を200人に調査したところ、5人が病気Bに感染していました。その都市では病気Bの罹患率が0.1%よりも高いといえるでしょうか？

5.1.2　1標本の母比率の検定の帰無仮説と対立仮説

1標本の母比率の検定では、帰無仮説を「母比率θはある値θ_0と等しい（H_0：$\theta=\theta_0$）」として、次の3つの対立仮説のうち関心があるものについて検討します。

- 帰無仮説 H_0：$\theta=\theta_0$；θはθ_0と等しい
- 対立仮説① H_1：$\theta\neq\theta_0$；θはθ_0と等しくない（両側検定）
- 対立仮説② H_1：$\theta>\theta_0$；θはθ_0より大きい（片側検定）
- 対立仮説③ H_1：$\theta<\theta_0$；θはθ_0より小さい（片側検定）

多くの場合、対立仮説①「母比率θはθ_0と等しくない（H_1：$\theta\neq\theta_0$）」を検討します。

5.1.3　ベイズ法による1標本の母比率の検定

1標本の母比率の検定で求めるパラメータは母比率θのみですので、事後分布は

$$f(\theta|x)=\frac{f(x|\theta)f(\theta)}{f(x)}\propto f(x|\theta)f(\theta) \tag{1}$$

母比率の検定におけるベイズ因子は

$$B_{01}=\frac{f(x|H_0)}{f(x|H_1)}=\frac{f(x|\theta=\theta_0)}{f(x|\theta\neq\theta_0)} \tag{2}$$

となります。

式(1)から、母比率の検定では母比率の事前分布$f(\theta)$を決める必要があります。母比率の事前分布$f(\theta)$にはベータ分布$Be(\alpha,\beta)$を用います。2章で説明したように、ベータ分布$Be(\alpha,\beta)$はαとβの値が等しい場合にはその事象が生じるか否かは五分五分、αとβの値が異なる場合には1あるいは0に近い値が生じやすくなります。そして、$Be(1,1)$は区間$[0,1]$の連続一様分布、つまり無情報事前分布となります。

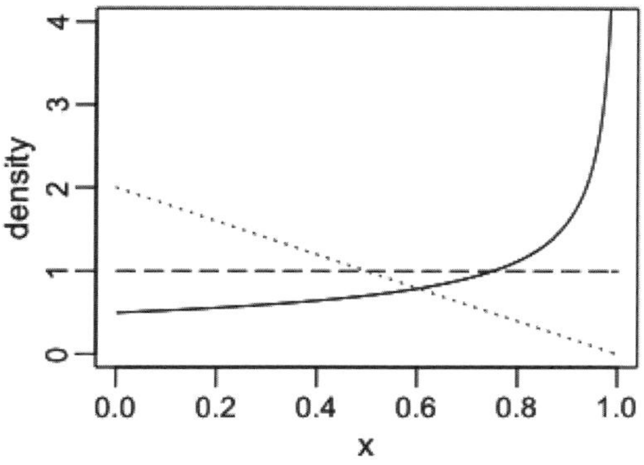

実線：$\alpha = 1.0, \beta = 0.5$、破線：$\alpha = 1.0, \beta = 1.0$、点線：$\alpha = 1.0, \beta = 2.0$

SPSS のデフォルトでは、母比率の事前分布として $Be(2,2)$ が設定されていますが、利用できる事前情報がない場合には $Be(1,1)$ を用いるとよいでしょう。もし、利用できる事前情報がある場合には、その情報に合わせて α、β の値を変化させましょう。

5.2　SPSS による 1 標本の母比率の検定

5.2.1　SPSS による 1 標本の母比率の検定

今回は［1 標本の母比率の検定 .sav］というデータを利用します。このデータは、昨年度不良品の発生率が 25% であった A 工場が、機械整備後に製品を無作為に 100 個取り出したときの不良品の数に関するものです。得られた不良品の数が 100 個中 15 個、つまり不良品の発生率が 15% になった場合、機械整備の効果があったのかを母比率の差の検定にて検討します。なお、不良品の列が 1 の場合は不良品、 0 の場合は不良品ではないことを表しています。

機械整備後の不良品発生の母比率を θ として、次の帰無仮説と対立仮説を検討します。

- 帰無仮説（H_0）：$\theta = 0.25$
- 対立仮説（H_1）：$\theta \neq 0.25$

Step1 メニューバーから［分析］＞［ベイズ統計］＞［1サンプルの2項分布］を選びます。

Step2［1サンプルの2項分布］のダイアログボックスが表示されます。

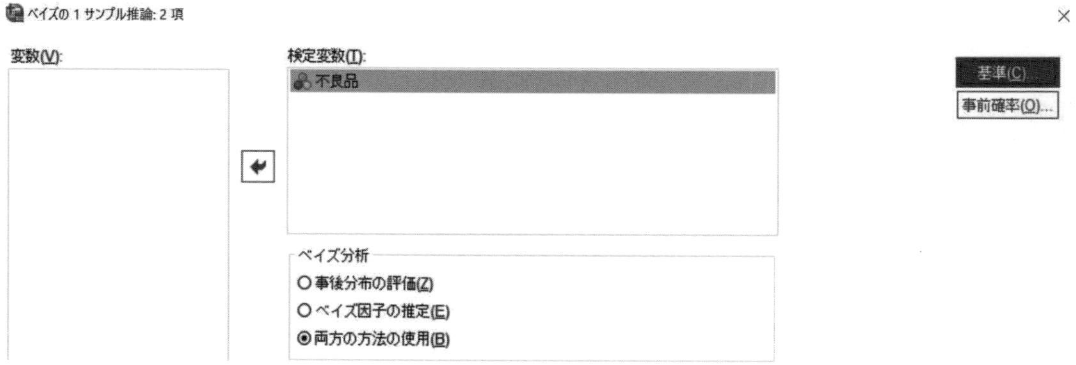

- 左側の変数リストから母比率の検定に用いる変数である［不良品］を選択し、↪で［検定変数］に投入します。
- 事後分布とベイズ因子の両方を求めるために、［ベイズ分析］では［両方の方法の使用］を選択します。

Step3 事前分布と比較対象となる比率 25%を設定するために、[成功のカテゴリと仮説値]を変更します。

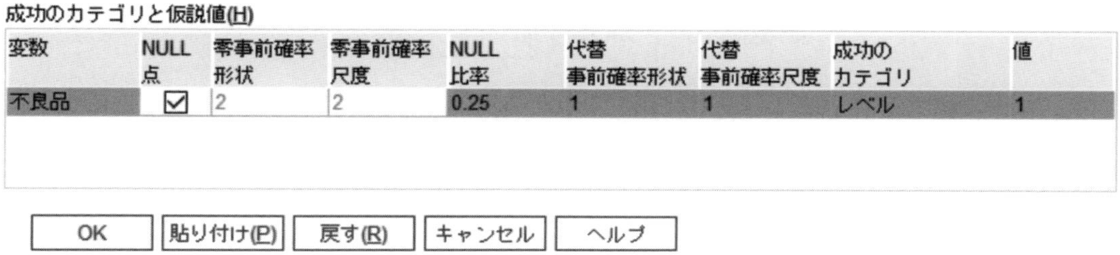

- 比較対象となる比率 25%を設定するために、[NULL 点] にチェックをつけます。そして、[NULL 比率] に 25%つまり 0.25 と入力します。
- 事前分布として無情報事前分布である $Be(1,1)$ と設定するために、[代替事前確率形状] に 1 、[代替事前確率尺度] に 1 を入力します。
- [成功のカテゴリ] を選択し [レベル] に変更します。そして、今回は不良品の場合は 1 となっているので、[値] に 1 を入力します。

Step4 [成功のカテゴリと仮説値] の設定だけですと事前分布は $Be(2,2)$ のままなので、事前分布を $Be(1,1)$ に設定するために、[事前確率] を選びます。

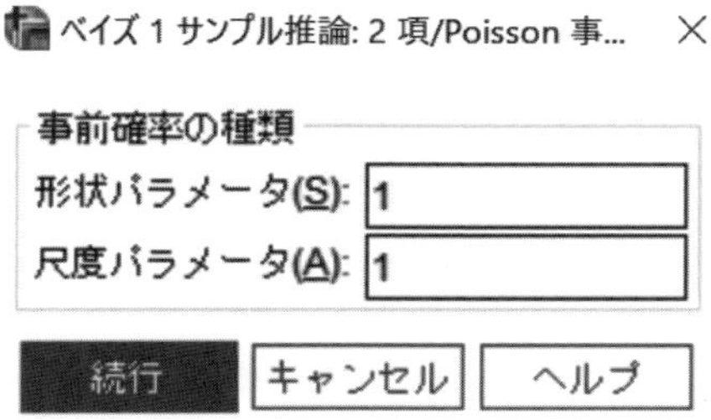

- [形状パラメータ] と [尺度パラメータ] に 1 を入力します。

Step5 信用区間や数値的な方法を変更する場合には、[基準] を選びます。

今回はデフォルトのまま分析を進めますが、信用区間を 99%に変更する場合や、数値的な方法をモンテカルロ近似に変更する場合には、それぞれの数値や方法を変更･選択します。

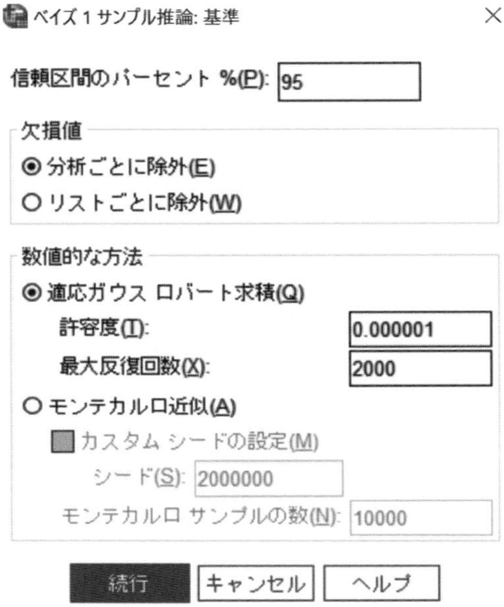

Step6 最後に［OK］を押すと結果が出力されます。

5.2.2 SPSSによる1標本の母比率の検定の結果確認

Step1 ベイズ因子を確認するために、［2項比率の検定のベイズ因子］を確認します。

2項比率の検定のベイズ因子

			観測度数		
成功カテゴリ		N	成功数	比率	ベイズ因子
不良品	= 1	100	15	.150	.572

ベイズ因子: 帰無仮説 対 対立仮説。

● 比率は標本比率の値を示しています。今回の場合は .150（＝15/100）つまり 15％です。

● ベイズ因子は $BF_{01}=.572$ という結果が得られました。$BF_{01}=.572$ は「対立仮説に対して帰無仮説は約 0.572 倍もっともらしい」ことを意味しています。そして、1/3（≒ 0.33）から 1 の間にあるので「対立仮説に対する不確かな証拠」が得られたと解釈できます。

Step2 母比率の事後分布を確認するために、［2 項推論の事後分布評価］を確認します。

2 項推論の事後分布評価[a]

	事後分布			95% 信用区間	
	最頻値	平均値	変数	下限	上限
不良品	.150	.157	.001	.093	.233

a. 2 項比率の事前確率: Beta(1, 1)。

● 事後分布について最頻値は MAP＝.150、平均値は EAP＝.157、95％信用区間は .093 から .233 という結果が得られました。95％信用区間に 0.25 が含まれないことからも、機械整備後の不良品発生の母比率は 0.25 つまり 25％ではない（25％よりも小さい）といえるでしょう。

Step3 対数尤度関数、事前分布、事後分布を確認します。

対数尤度関数の結果が出力されますが、尤度関数の対数をとっただけなのでその本質が変わるということではありません。それゆえ、とくに気にせず結果を確認してください。

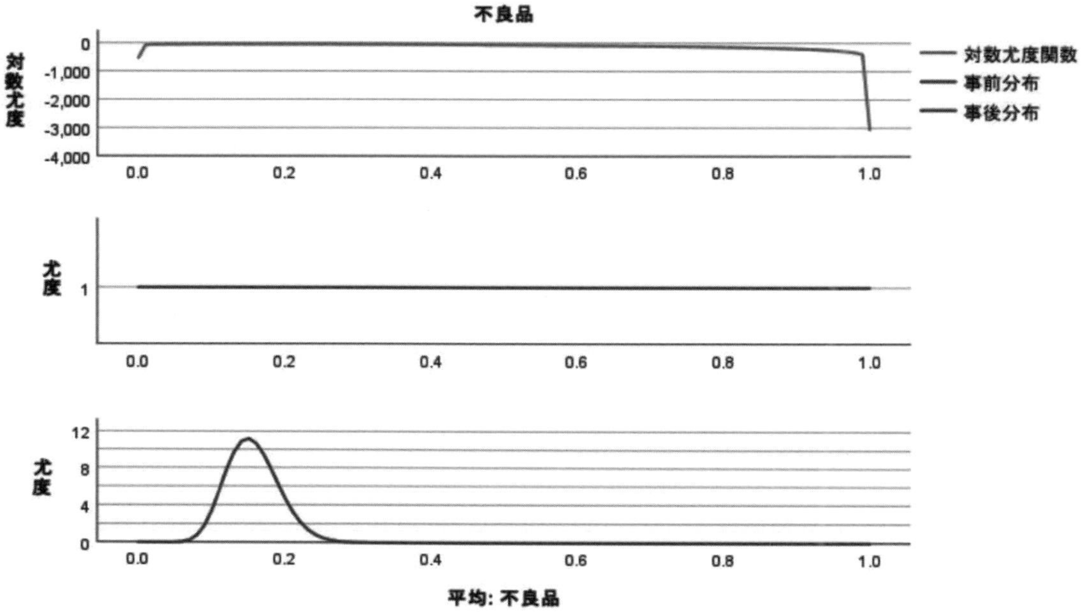

- 上から順に、対数尤度関数、事前分布、事後分布のグラフになります。設定した事前分布が想定したもの通りになっているか、得られた事後分布の形状がどうなっているかに関心があるときは必ず確認しましょう。

5.3　1標本の母比率の検定の結果報告

本章の最後に、得られた母比率の検定の結果をどのようにレポートや論文で報告するとよいかについて説明します。

ベイズ法により1標本の母比率の検定を行った場合には、

- 用いたデータの概要（データ数と標本比率はマストです）
- 帰無仮説と対立仮説
- 母比率の事前分布
- 用いた事後分布の数値的な方法

- ベイズ因子とその評価
- 母比率の事後分布の最頻値、平均値、信用区間

を報告するとよいでしょう。

報告例

昨年度不良品発生率が25%であったA工場において機械整備後に製品を無作為に100個抽出したところ不良品は15個であった。不良品発生率の母比率をθとして、帰無仮説を「H_0: $\theta=0.25$」、対立仮説を「H_1：$\theta \neq 0.25$」とした母比率の検定を行った。θの事前分布には無情報事前分布であるベータ分布$Be(1, 1)$を設定した。そして、事後分布の推定にはSPSSのデフォルトである適応ガウス・ロバート求積（許容度0.000001、最大反復回数2000）を用いた。

その結果、対立仮説に対する帰無仮説のベイズ因子は$BF_{01}=.57$であったため、対立仮説に対する不確かな証拠が得られた。また、θの事後分布について、最頻値は.15、平均値は.16、95%信用区間は［.09, .23］であった。以上から、機械整備後の不良品発生率は25%よりも小さいことが暫定的に示された。

column 事前分布を変更すると…？

本章では事前分布として無情報事前分布である$Be(1, 1)$を用いましたが、情報のある事前分布に変えるとどのような結果が得られるのかを確認してみます。

(1) $Be(1, 2)$の場合：母比率θが直線的に減っていくことを確信している場合

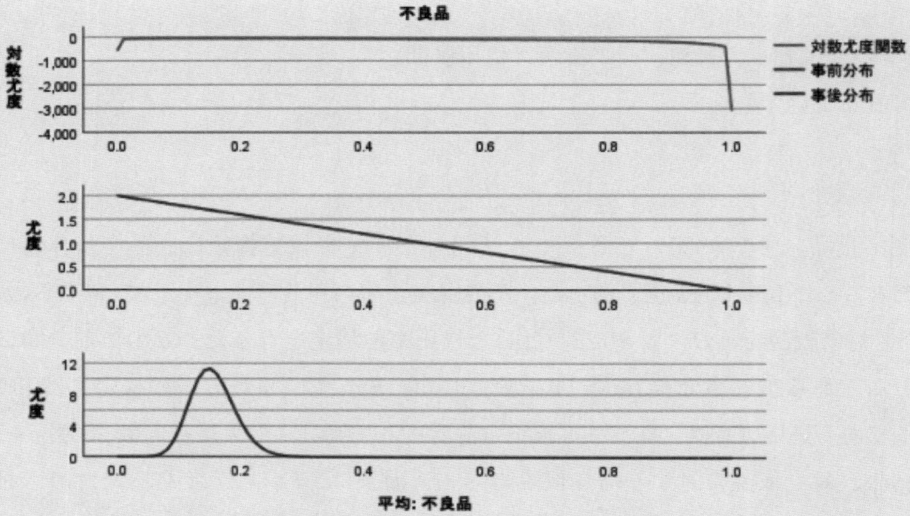

(2) $Be(100, 1)$ の場合：母比率 θ はほぼ 1.00 だと確信している場合

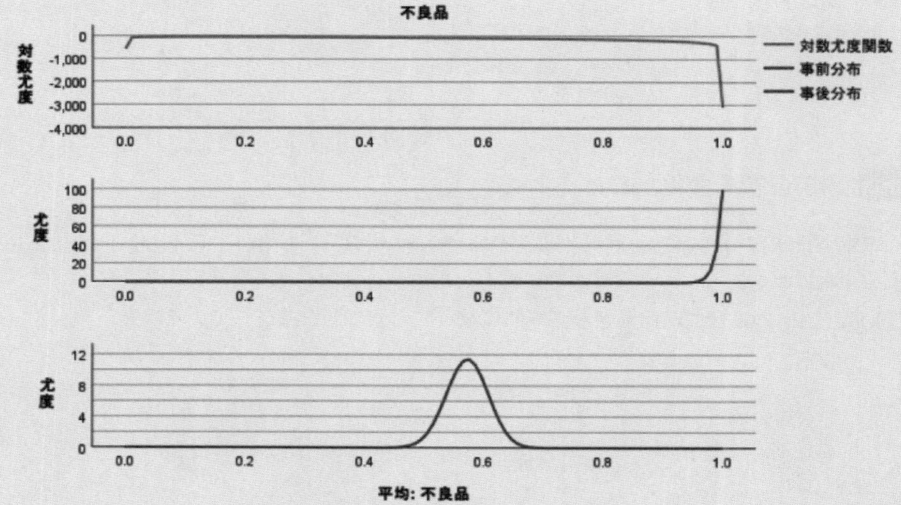

それぞれについてベイズ因子や MAP、EAP などは省略しますが、事前分布を変えるとベイズ因子や事後分布が大きく変わることが把握できたのではないでしょうか。事前分布を設定する際には、「どうしてその事前分布にするのか？」ということは常に意識することが大切です。

5章のまとめ

■1標本の母比率の検定

既に明らかになっている、あるいは比較対象としたい母比率 θ_0 と、得られたデータの母比率 θ が異なるかどうかを検討する方法です。

- 帰無仮説 H_0：$\theta = \theta_0$；θ は θ_0 と等しい
- 対立仮説① H_1：$\theta \neq \theta_0$；θ は θ_0 と等しくない（両側検定）
- 対立仮説② H_1：$\theta > \theta_0$；θ は θ_0 より大きい（片側検定）
- 対立仮説③ H_1：$\theta < \theta_0$；θ は θ_0 より小さい（片側検定）

■ベイズ法による1標本の母比率の検定

- θ の事前分布にはベータ分布 $Be(\alpha, \beta)$ を用います。α を形状パラメータ、β を尺度パラメータといいます。
- SPSS のデフォルトでは、θ の事前分布として $Be(2, 2)$ が設定されています。無情報事前分布を使用したい場合には、$Be(1, 1)$ と設定しましょう。

第 6 章

1 標本の母欠点数の検定

データから推測される母欠点数とすでに明らかになっている、あるいは比較したい母欠点数が異なるかを検討する「1 標本の母欠点数の検定」について学習します。

キーワード：母欠点数、1 標本の母欠点数の検定

6.1 1 標本の母欠点数の検定

6.1.1 1 標本の母欠点数の検定

欠点数とは飛行機や電車のインシデント件数のように滅多に起きないことが発生した回数のことで、母集団における欠点数を特に**母欠点数**といいます。

1 標本の母欠点数の検定とは、既に明らかになっている、あるいは比較対象としたい母欠点数 λ_0 と、得られたデータの母欠点数 λ が異なるかどうかを検定する方法です。例えば、次のような場面で 1 標本の母欠点数の検定は行われます。

- A 工場で不良品の検査を行うと従来は 1 日あたり 5 個不良品が発見されていました。機械整備を行ったところ、不良品は 1 日あたり 2 個発見されるようになりました。機械整備により、不良品の数は減ったといえるでしょうか？

● B 市では1日あたり10件の万引き事件が発生しています。警察によるパトロールを強化したところ、万引き事件の発生件数は1日あたり2件となりました。万引き事件は減ったといえるでしょうか？

6.1.2　1標本の母欠点数の検定の帰無仮説と対立仮説

1標本の母欠点数の検定では、帰無仮説を「母欠点数 λ はある値 λ_0 と等しい (H_0：$\lambda=\lambda_0$)」として、次の3つの対立仮説のうち関心があるものについて検討します。

- 帰無仮説 H_0：$\lambda=\lambda_0$；λ は λ_0 と等しい
- 対立仮説① H_1：$\lambda\neq\lambda_0$；λ は λ_0 と等しくない（両側検定）
- 対立仮説② H_1：$\lambda>\lambda_0$；λ は λ_0 より大きい（片側検定）
- 対立仮説③ H_1：$\lambda<\lambda_0$；λ は λ_0 より小さい（片側検定）

多くの場合、対立仮説①「母欠点数 λ は λ_0 と等しくない (H_1：$\lambda\neq\lambda_0$)」を検討します。

6.1.3　ベイズ法による1標本の母欠点数の検定

1標本の母欠点数の検定で求める母数は母欠点数 λ のみですので、事後分布は

$$f(\lambda|x)=\frac{f(x|\lambda)f(\lambda)}{f(x)}\propto f(x|\lambda)f(\lambda) \tag{1}$$

1標本の母欠点数の検定におけるベイズ因子は

$$B_{01}=\frac{f(x|H_0)}{f(x|H_1)}=\frac{f(x|\lambda=\lambda_0)}{f(x|\lambda\neq\lambda_0)}=\frac{f(x|\lambda_0)}{f(x|\lambda)} \tag{2}$$

となります。

式(1)から、１標本の母欠点数の検定では母欠点数の事前分布 $f(\lambda)$ を決める必要があります。母欠点数の事前分布 $p(\lambda)$ にはガンマ分布 $\mathrm{Ga}(\alpha, \beta)$ を用います（ただし、$\alpha > 0$、$\beta > 0$）。２章で説明したように、ガンマ分布 $\mathrm{Ga}(\alpha, \beta)$ は形状パラメータ α の値が大きくなるほど平均に関して左右対称の分布に、尺度パラメータ β の値が大きくなるほど確率密度が小さくなるスピードが遅い分布となります。そして、区間 $[0, 1]$ では、$\mathrm{Ga}(2, 2)$ が無情報事前分布となります。

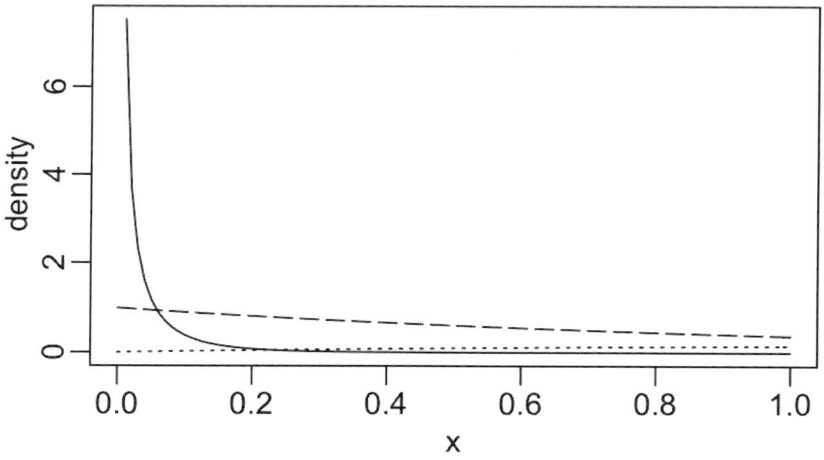

実線：$\alpha = 0.1, \beta = 0.1$、破線：$\alpha = 1.0, \beta = 1.0$、点線：$\alpha = 2.0, \beta = 2.0$

SPSS のデフォルトでは、母欠点数の事前分布として $\mathrm{Ga}(2, 2)$ が設定されています。利用できる事前情報がない場合には $\mathrm{Ga}(2, 2)$ を用いるとよいでしょう。もし、利用できる事前情報がある場合には、その情報に合わせて α、β の値を変化させましょう。

6.2 SPSSによる1標本の母欠点数の検定

6.2.1 SPSSによる1標本の母欠点数の検定

今回は［1標本の母欠点数の検定.sav］というデータを利用します。このデータは、A市での今月30日間の交通事故発生件数を表したものです。今月30日間の交通事故発生件数は、先月30日間の交通事故発生件数である1日あたり4件から変化したといえるのかを、1標本の母欠点数の検定にて検討します。

今月の交通事故発生件数の母欠点数をλとして、次の帰無仮説と対立仮説を検討します。

- 帰無仮説（H_0）：$\lambda=4$
- 対立仮説（H_1）：$\lambda\neq4$

Step1 メニューバーから［分析］＞［ベイズ統計］＞［1サンプルのポアソン分布］を選びます。

Step2［1サンプルのポアソン分布］のダイアログボックスが表示されます。

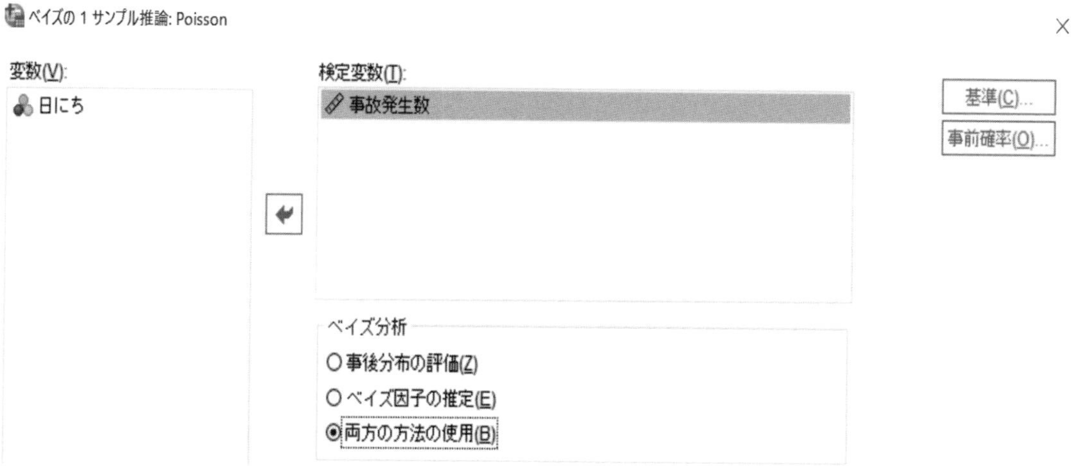

- 左側の変数リストから1標本の母欠点数の検定に用いる変数である［事故発生数］を選択し、で［検定変数］に投入します。
- 事後分布とベイズ因子の両方を求めるために、［ベイズ分析］では［両方の方法の使用］を選択します。

Step3 事前分布と比較対象となる母欠点数4を設定するために、［仮説値］を変更します。

仮説値(H)

変数	NULL 点	零事前確率形状	零事前確率尺度	Null 率	代替 事前確率形状	代替 事前確率尺度
事故発生数	☑	2	2	4	2	2

- 比較対象となる母欠点数を4に設定するために、［NULL 点］にチェックをつけます。そして、［NULL 率］を4に設定します。
- 事前分布として無情報事前分布である Ga(2, 2) を設定するために、［代替事前確率形状］に2、［代替事前確率尺度］に2を入力します。

Step4 ガンマ分布 $\mathrm{Ga}(\alpha, \beta)$ のパラメータを変更する場合には、［事前確率］を選びます。

今回はデフォルトのまま分析を進めますが、形状パラメータ α と尺度パラメータ β を変更する場合には、それぞれの数値を変更します。

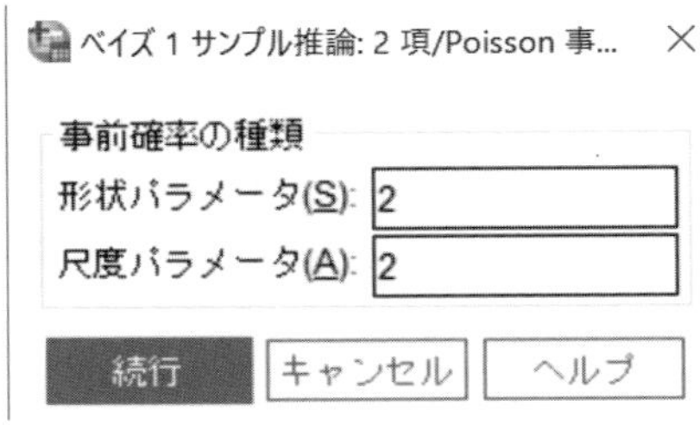

Step5 信用区間や数値的な方法を変更する場合には、［基準］を選びます。

今回はデフォルトのまま分析を進めますが、信用区間を 99% に変更する場合や、数値的な方法をモンテカルロ近似に変更する場合には、それぞれの数値や方法を変更・選択します。

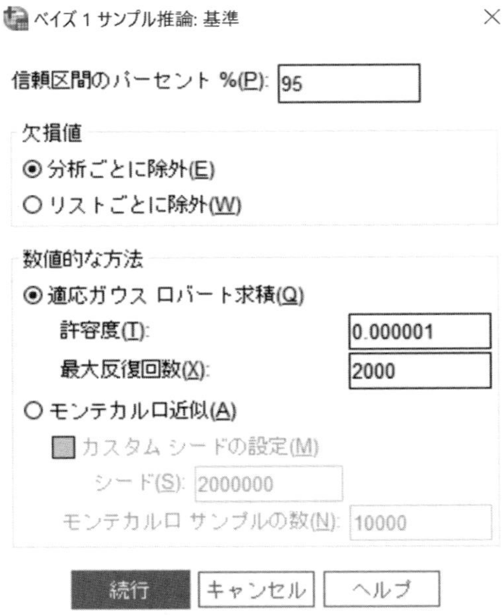

Step6 最後に［OK］を押すと結果が出力されます。

6.2.2 SPSSによる1標本の母欠点数の検定の結果確認

Step1 ベイズ因子を確認するために、［ポアソン比検定のベイズ因子］を確認します。

ポアソン比検定のベイズ因子

		度数		
	N	最小値	最大値	Bayes Factor[a]
事故発生数	30	0	6	.005

a. ベイズ因子: 帰無仮説 対 対立仮説。

- Nは日数を表しています。
- 度数は交通事故発見数の最小値と最大値を表しています。
- ベイズ因子は $BF_{01}=.005$ という結果が得られました。$BF_{01}=.005$ は「対立仮説に対して帰無仮説は約0.005倍もっともらしい」ことを意味しています。そして、ベイズ因子は1/100(＝0.01)未満の値であるので「対立仮説に対する最高レベルの証拠」が得られたと解釈できます。

Step2 母欠点数の事後分布を確認するために［ポアソン推論の事後分布評価］を確認します。

ポアソン推論の事後分布評価[a]

				95% 信用区間	
	最頻値	平均値	変数	下限	上限
事故発生数	2.47	2.50	.078	1.98	3.08

a. ポアソン比/強度の事前確率: Gamma(2, 2)。

- 事後分布について最頻値はMAP＝2.47、平均値はEAP＝2.50、95% 信用区間は1.98から3.08という結果が得られました。95% 信用区間に4が含まれないことからも、今月の交通事故発生件数の母欠点数は4よりも小さいといえるでしょう。

Step3 対数尤度関数、事前分布、事後分布を確認します。

対数尤度関数の結果が出力されますが、尤度関数の対数をとっただけなのでその本質が変わるということではありません。それゆえ、とくに気にせず結果を確認してください。

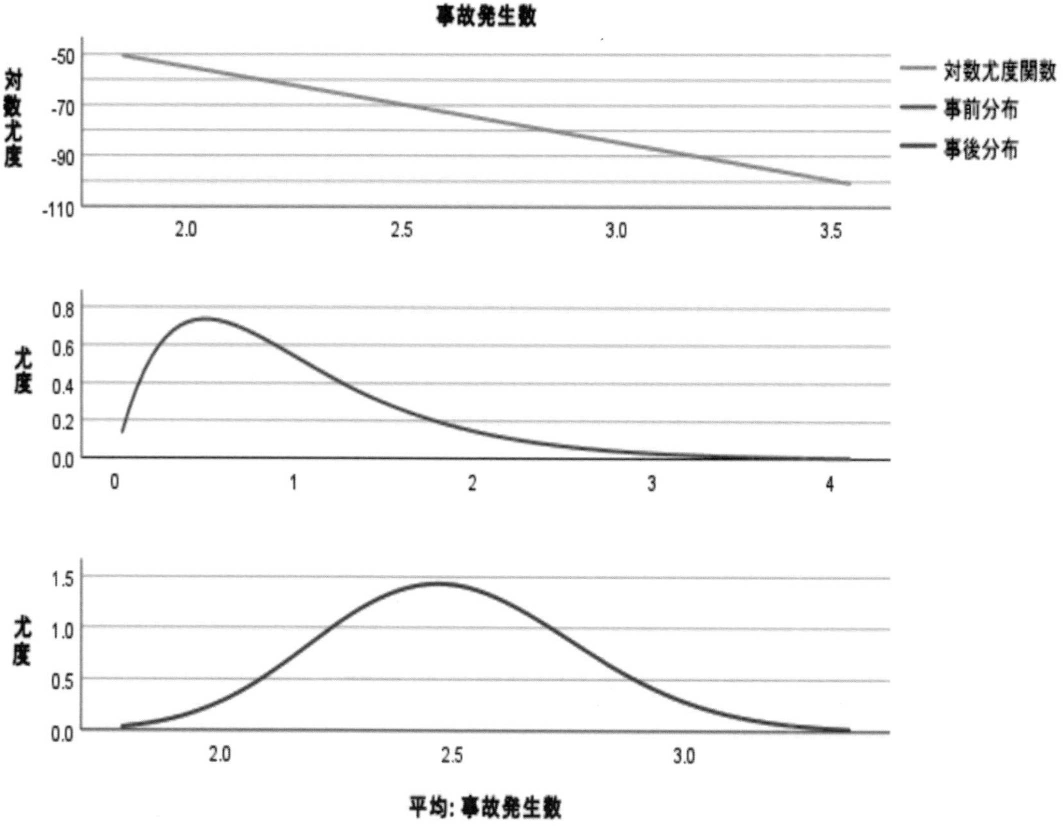

● 上から順に、対数尤度関数、事前分布、事後分布のグラフになります。設定した事前分布が想定したもの通りになっているか、得られた事後分布の形状がどうなっているかに関心があるときは必ず確認しましょう。

6.3　1標本の母欠点数の検定の結果報告

本章の最後に、得られた1標本の母欠点数の検定の結果をどのようにレポートや論文で報告するとよいかについて説明します。

ベイズ法により母欠点数の検定を行った場合には、

- 用いたデータの概要（標本サイズ、標本の欠点数はマストです）
- 帰無仮説と対立仮説
- 母欠点数の事前分布
- 用いた事後分布の数値的な方法
- ベイズ因子とその評価
- 母欠点数の事後分布の最頻値、平均値、信用区間

を報告するとよいでしょう。

報告例

先月30日間の交通事故発生件数が1日あたり4.00件であったA市において、今月30日間の交通事故発生件数は合計78件、1日当たり2.60件であった。先月と今月の交通事故発生件数に違いがあるかを検討するために、今月の交通事故発生件数の母欠点数をλとして、帰無仮説「$H_0 : \lambda = 4.00$」、対立仮説を「$H_1 : \lambda \neq 4.00$」とした1標本の母欠点数の検定を行った。λの事前分布には無情報事前分布であるガンマ分布Ga(2, 2)を設定した。そして、事後分布の推定にはSPSSのデフォルトである適応ガウス・ロバート求積（許容度0.000001、最大反復回数2000）を用いた。

その結果、対立仮説に対する帰無仮説のベイズ因子は$BF_{01} = .005$であったため、対立仮説に対する最高レベルの証拠が得られた。また、母欠点数λの事後分布について、最頻値は2.47、平均値は2.50、95%信用区間は［1.98, 3.08］であった。以上から、今月の交通事故発生件数は先月よりも少ないことが示された。

6章のまとめ

■1標本の母欠点数の検定

既に明らかになっている、あるいは比較対象としたい母欠点数 λ_0 と、得られたデータの母欠点数 λ が異なるかどうかを検討する方法です。

- 帰無仮説 H_0：$\lambda = \lambda_0$；λ は λ_0 と等しい
- 対立仮説① H_1：$\lambda \neq \lambda_0$；λ は λ_0 と等しくない（両側検定）
- 対立仮説② H_1：$\lambda > \lambda_0$；λ は λ_0 より大きい（片側検定）
- 対立仮説③ H_1：$\lambda < \lambda_0$；λ は λ_0 より小さい（片側検定）

■ベイズ法による1標本の母欠点数の検定

- λ の事前分布にはガンマ分布 $\mathrm{Ga}(\alpha, \beta)$ を用います。α を形状パラメータ、β を尺度パラメータといいます。形状パラメータ α の値が大きくなるほど平均に関して左右対称の分布に、尺度パラメータ β の値が大きくなるほど確率密度が小さくなるスピードが遅い分布となります。
- λ の事前分布を無情報事前分布にする場合にはガンマ分布 $\mathrm{Ga}(2, 2)$ を用いるとよいです。

第7章

1標本の母平均の検定

データから推測される母平均とすでに明らかになっている、あるいは比較したい母平均が異なるかを検討する「1標本の母平均の検定」について学習します。

キーワード：1標本の母平均の検定、拡散分布

7.1 1標本の母平均の検定

7.1.1 1標本の母平均の検定とは

1標本の母平均の検定とは、既に明らかになっている、あるいは比較対象としたい母平均 μ_0 と、得られたデータから推測される母平均 μ が異なるかどうかを検討する方法です。例えば、次のような場面で1標本の母平均の検定は行われます。

- A組40人があるテストを受けたところ、平均点は65点でした。担任の先生は平均点が60点になることを目標としていましたが、目標は達成できたといえるでしょうか？
- B市では、今年の8月の平均気温は28.2℃でした。今年8月の平均気温は昨年まで10年間の平均気温である26.5℃よりも高いといえるでしょうか？

7.1.2　1標本の母平均の検定の帰無仮説と対立仮説

1標本の母平均の検定では、帰無仮説を「母平均μはある値μ_0と等しい（H_0：$\mu = \mu_0$）」として、次の3つの対立仮説のうち関心があるものについて検討します。

- 帰無仮説　H_0：$\mu = \mu_0$；μ と μ_0 は等しい
- 対立仮説①　H_1：$\mu \neq \mu_0$；μ と μ_0 は等しくない（両側検定）
- 対立仮説②　H_1：$\mu > \mu_0$；μ は μ_0 より大きい　（片側検定）
- 対立仮説③　H_1：$\mu < \mu_0$；μ は μ_0 より小さい　（片側検定）

多くの場合、対立仮説①「母平均μとμ_0は等しくない（H_1：$\mu \neq \mu_0$）」を検討します。

7.1.3　ベイズ法による1標本の母平均の検定

1標本の母平均の検定は母分散が既に分かっている場合と未知の場合で計算が異なるのですが、ここではとりわけよく用いられる母分散が未知の場合について説明します。母分散が未知の場合、1標本の母平均の検定で求める母数は母平均μと母分散σ^2ですので、事後分布は

$$f(\mu, \sigma^2 | x) = \frac{f(x | \mu, \sigma^2) f(\mu, \sigma^2)}{f(x)} \propto f(x | \mu, \sigma^2) f(\mu, \sigma^2) \tag{1}$$

ベイズ因子は

$$B_{01} = \frac{f(x | H_0)}{f(x | H_1)} = \frac{f(x | \mu = \mu_0, \sigma^2)}{f(x | \mu \neq \mu_0, \sigma^2)} = \frac{f(x | \mu_0, \sigma^2)}{f(x | \mu, \sigma^2)} \tag{2}$$

となります。

式(1)から、分散が未知の場合の1標本の母平均の検定では、母平均と母分散の同時事前分布$f(\mu, \sigma^2)$、つまり母平均と母分散の事前分布を決める必要があります。SPSSでは用いることができる事前分布は次の表の通りです。

無情報事前分布	無情報事前分布以外
● 母分散 ▶ 拡散分布 ▶ ジェフェリーズの S2（Jeffreys S2） ▶ ジェフェリーズの S4（Jeffreys S4） ● 母平均 ▶ 拡散分布	● 母分散 ▶ 逆カイ２乗分布 ▶ 逆ガンマ分布 ● 母平均 ▶ 正規分布

SPSS のデフォルトは、母平均と母分散とも無情報事前分布である**拡散分布**が設定されています。利用できる事前情報がない場合には、拡散分布のまま分析するとよいでしょう。もし、利用できる事前情報がある場合には、その情報に合わせて母平均と母分散の事前分布のパラメータを変更しましょう。

7.2 SPSS による１標本の母平均の検定

7.2.1 SPSS による１標本の母平均の検定

今回は［１標本の母平均の検定.sav］というデータを利用します。このデータは、A 組の生徒 40 人のテストの得点（以下、テスト点）を表したものです。A 組のテスト点の平均は、担任の先生が目標としていた 60 点を超えたといえるのかを、１標本の母平均の検定にて検討します。

A 組のテスト点の母平均を μ として、次の対立仮説と帰無仮説を検討します。

- 帰無仮説（H_0）：$\mu = 60$
- 対立仮説（H_1）：$\mu \neq 60$

Step1 メニューバーから［分析］＞［ベイズ統計］＞［１サンプルの正規分布］を選びます。

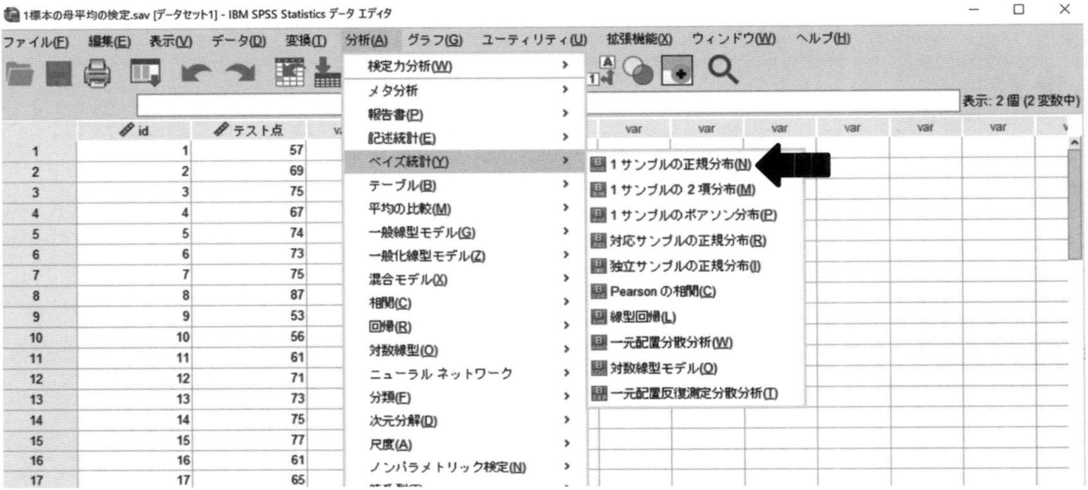

Step2［1サンプルの正規分布］のダイアログボックスが表示されます。

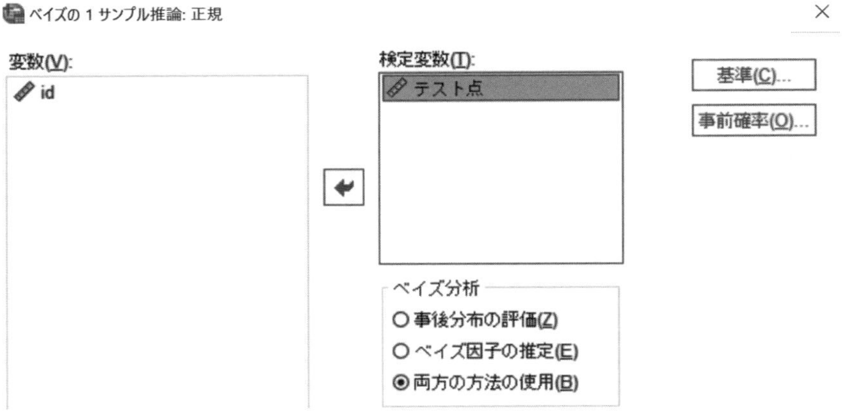

- 左側の変数リストから1標本の母平均の検定に用いる変数である［テスト点］を選択し、↪で［検定変数］に投入します。
- 事後分布とベイズ因子の両方を求めるために、［ベイズ分析］では［両方の方法の使用］を選択します。

Step3 事前分布と比較対象となる母平均60を設定するために、［データの分散と仮説値］を変更します。

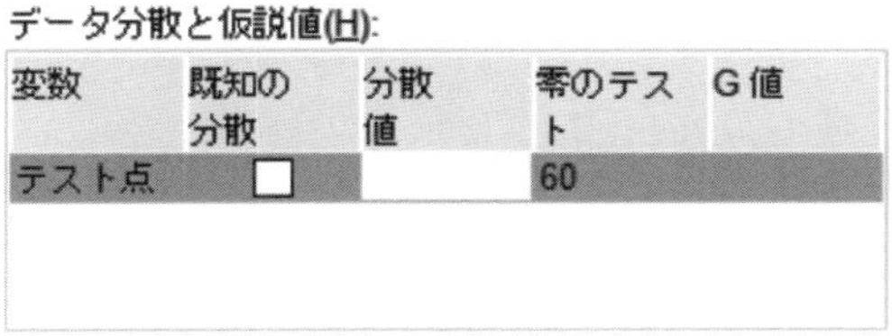

● 比較対象となる母平均60を設定するために、［零のテスト］を60に設定します。

● 母分散の値がわかっている場合には、［既知の分散］にチェックをつけて、［分散の値］にその値を入力してください。

Step4 事前分布を変更する場合には、［事前確率］を選びます。

今回はデフォルトである拡散分布、つまり無情報事前分布のまま分析を進めますが、事前情報がある場合には逆カイ2乗分布や逆ガンマ分布、正規分布を選択し、パラメータの値を設定してください。なお、精度とは分散の逆数のことです。

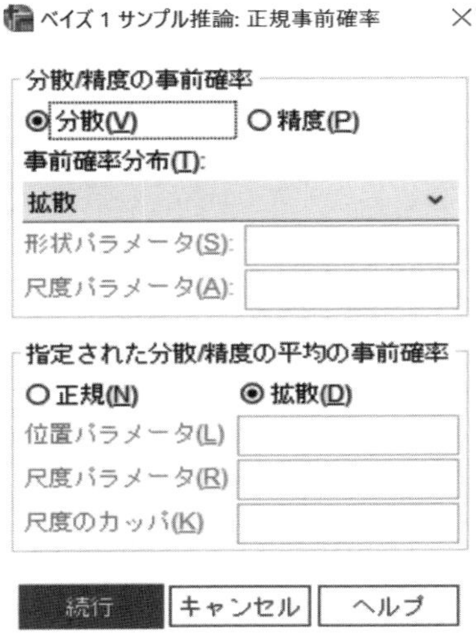

Step5 信用区間や数値的な方法を変更する場合には、［基準］を選びます。

今回はデフォルトのまま分析を進めますが、信用区間を 99% に変更する場合や、数値的な方法をモンテカルロ近似に変更する場合には、それぞれの数値や方法を変更・選択します。

Step6 最後に［OK］を押すと結果が出力されます。

7.2.2 SPSS による 1 標本の母平均の検定の結果確認

Step1 ベイズ因子を確認するために、［1 サンプルの t 検定のベイズ因子］を確認します。

1 サンプルの t 検定のベイズ因子

	N	平均値	標準偏差	平均値の標準誤差	ベイズ因子[a]	t 値	自由度	有意確率 (両側)
テスト点	40	67.13	8.480	1.341	.000	5.314	39	<.001

a. ベイズ因子: 帰無仮説 対 対立仮説。

- N は A 組の人数を表しています。
- t 値と自由度、有意確率（両側）は p 値に基づいた仮説検定を行った場合の結果です。今回の場合、$t(39)=5.31$、$p<.001$ より、得られたテスト点は 60 点とは 0.1% 水準で有意差が認められます。
- ベイズ因子は $BF_{01}=.000$ という結果が得られました。$BF_{01}=.000$ は「対立仮説に対して帰無仮説は約 0.000 倍もっともらしい」ことを意味しています。そして、ベイズ因子は 1/100（＝0.01）未満の値であるので「対立仮説に対する最高レベルの証拠」が得られたと解釈できます。

Step2 母平均の事後分布を確認するために［1 サンプル平均の事後分布評価］を確認します。

1 サンプル平均の事後分布評価

	N	事後分布			95% 信用区間	
		最頻値	平均値	分散	下限	上限
テスト点	40	67.13	67.13	2.003	64.34	69.91

分散の事前確率: Diffuse。平均の事前確率: Diffuse。

- テスト点の事後分布について最頻値は MAP＝67.13、平均値は EAP＝67.13、分散は 2.003、95% 信用区間は 2.05 から 3.20 という結果が得られました。95% 信用区間に 60 が含まれないことからも、A 組のテスト点の母平均は 60 点より大きいといえるでしょう。

Step3 対数尤度関数、事前分布、事後分布を確認します。

対数尤度関数の結果が出力されますが、尤度関数の対数をとっただけなのでその本質が変わるということではありません。それゆえ、とくに気にせず結果を確認してください。

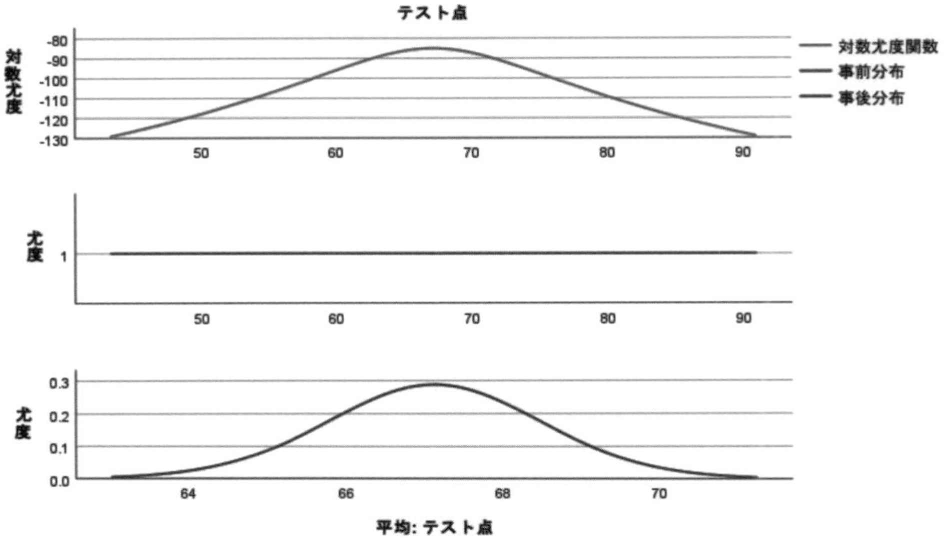

7.3 1標本の母平均の検定の結果報告

本章の最後に、得られた1標本の母平均の検定の結果をどのようにレポートや論文で報告するとよいかについて説明します。

ベイズ法により1標本の母平均の検定を行った場合には、

- 用いたデータの概要（標本サイズ、標本の平均と標準偏差はマストです）
- 帰無仮説と対立仮説
- 母平均と母分散の事前分布
- 用いた事後分布の数値的な方法
- ベイズ因子とその評価
- 母平均の事後分布の最頻値、平均値、信用区間、分散

を報告するとよいでしょう。

報告例

A 組 40 人のテストの得点の平均は 67.13 点、標準偏差は 8.48 点であった。担任の先生が目標としていた 60 点を超えているかを検討するために、A 組 40 人のテストの得点の母平均を μ として、帰無仮説を「$H_0: \mu = 60$」、対立仮説を「$H_1: \mu \neq 60$」とした 1 標本の母平均の検定を行った。母平均 μ と母分散の事前分布には無情報事前分布である漠然分布を設定した。そして、事後分布の推定には SPSS のデフォルトである適応ガウス・ロバート求積（許容度 0.000001、最大反復回数 2000）を用いた。

その結果、対立仮説に対する帰無仮説のベイズ因子は $BF_{01} = .000$ であったため、対立仮説に対する最高レベルの証拠が得られた。また、母平均 μ の事後分布について、最頻値は 67.13 点、平均値は 67.13 点、95% 信用区間は [64.34, 69.91]、分散は 2.00 であった。以上から、A 組のテストの得点の平均は担任の先生が目標としていた 60 点を超えていることが示された。

7章のまとめ

■1標本の母平均の検定

- 既に明らかになっている、あるいは比較対象としたい母平均 μ_0 と、得られたデータから推測される母平均 μ が異なるかどうかを検討する方法です。
- 帰無仮説　H_0：$\mu = \mu_0$；μ と μ_0 は等しい
- 対立仮説① H_1：$\mu \neq \mu_0$；μ と μ_0 は等しくない（両側検定）
- 対立仮説② H_1：$\mu > \mu_0$；μ は μ_0 より大きい　（片側検定）
- 対立仮説③ H_1：$\mu < \mu_0$；μ は μ_0 より小さい　（片側検定）

■ベイズ法による1標本の母平均の検定

- 母平均と母分散の事前分布には様々なものがありますが、無情報事前分布を用いる場合には、SPSS のデフォルトである拡散分布を用いるとよいです。

第 8 章

対応のある２標本の母平均の検定

２つのグループや条件から得られたデータから推測される母平均 μ_1 と μ_2 が異なるかを検討する「２標本の母平均の検定」について学習します。

キーワード：２標本の母平均の検定、データの対応あり・なし、拡散分布

8.1　２標本の母平均の検定

8.1.1　２標本の母平均の検定

２標本の母平均の検定とは、２つのグループや条件から得られたデータから推測される母平均 μ_1 と μ_2 が異なるか、つまり２標本の母平均の差を検討する方法です。例えば、次のような場面で２標本の母平均の検定は行われます。

- ある技能 A に関する講習プログラムの効果を測定するために、50 人の参加者を対象にプログラム前後に技能 A に関するテストを行いました。テストの平均点は、プログラム前が 40 点、プログラム後が 55 点でした。講習プログラムの効果はあったといえるでしょうか？
- 今回の期末試験の平均点は、B 組が 50 点、C 組が 60 点でした。B 組と C 組の平均点に違いがあるといえるでしょうか？

8.1.2　２標本の母平均の検定の帰無仮説と対立仮説

２標本の母平均の検定では、２つの母平均をμ_1、μ_2、母平均の差を$\delta = \mu_1 - \mu_2$とした上で、帰無仮説を「母平均の差δは０である（$H_0 : \delta = 0$）」とします。そして、次の３つの対立仮説のうち関心があるものについて検討します。

- 帰無仮説　$H_0 : \delta = 0$；母平均の差は０である
- 対立仮説①　$H_1 : \delta \neq 0$；母平均の差は０ではない（両側検定）
- 対立仮説②　$H_1 : \delta > 0$；母平均の差は０より大きい（片側検定）
- 対立仮説③　$H_1 : \delta < 0$；母平均の差は０より小さい（片側検定）

多くの場合、対立仮説①「母平均の差は０ではない（$H_1 : \delta \neq 0$）」を検討します。

8.1.3　２標本の母平均の検定を行う前提条件

２標本の母平均の検定を行う前に、次の２点を確認する必要があります。

- 間隔データか比率データであるか？
  - ▶ ２標本の母平均の検定は間隔データか比率データでしか行うことができない分析です。そのため、テレビ番組ＡとＢの視聴率を比較するというような名義データを分析する場合には、比率の差の検定やカイ２乗検定を行います。
- データの対応はどうか？（8.1.4 項を参照）

8.1.4　データの対応あり・なし

２標本の母平均の検定では、データが対応ありか、なしかを確認する必要があります。そもそも、対応あり・なしデータとは次のように定義されます。

- **対応ありデータ**：同じ個体から集められた異なる条件のデータ
  - ▶ ダイエット法実施前後に体重を測定する。
  - ▶ 薬を飲む前後に血圧を測定する。

● **対応なしデータ**：異なる個体から集められた異なる条件のデータ

▶ 患者に薬 A か B のいずれかを投薬し、接種後の体調を測定する。

▶ 学生に教材 A か B のいずれかを与え、学習後にテストを行う。

データの対応あり・なしによって２標本の母平均の検定に用いる数式が異なるため、分析を行う前にデータが対応ありかを確認する必要があります。

本章では対応のある２標本の母平均の検定、次章では対応のない２標本の母平均の検定について説明します。

8.2 対応のある２標本の母平均の検定

8.2.1 ベイズ法による対応のある２標本の母平均の検定

対応のある２標本の母平均の検定では母分散が既に分かっているかどうか、そして２つの母分散が等しいかどうかで計算が異なります。ここではとりわけよく用いられる２つの母分散が未知かつ等しくない場合について説明します。２つの標本それぞれの母平均を μ_1、μ_2、母分散を σ_1^2、σ_2^2、母平均の差を $\delta = \mu_1 - \mu_2$ とします。ここで求める母数は δ、σ_1^2、σ_2^2 ですので、事後分布は

$$f(\delta, \sigma_1^2, \sigma_2^2 | x) = \frac{f(x | \delta, \sigma_1^2, \sigma_2^2) f(\delta, \sigma_1^2, \sigma_2^2)}{f(x)} \propto f(x | \delta, \sigma_1^2, \sigma_2^2) f(\delta, \sigma_1^2, \sigma_2^2) \tag{1}$$

ベイズ因子は

$$B_{01} = \frac{f(x | H_0)}{f(x | H_1)} = \frac{f(x | \delta = 0, \sigma_1^2, \sigma_2^2)}{f(x | \delta \neq 0, \sigma_1^2, \sigma_2^2)} \tag{2}$$

となります。

式(1)から、母平均差と２つの母分散の同時事前分布 $f(\delta, \sigma_1^2, \sigma_2^2)$、つまり母平均の差と母分散の事前分布を決める必要があります。SPSS で用いることができる事前分布は次の表

の通りです。

無情報事前分布	無情報事前分布以外
● 母分散 ▶ 拡散分布 ▶ ジェフェリーズの S2（Jeffreys S2） ▶ ジェフェリーズの S4（Jeffreys S4） ● 母平均の差 ▶ 拡散分布	● 母分散 ▶ 逆カイ２乗分布 ▶ 逆ガンマ分布 ● 母平均の差 ▶ 正規分布

SPSS のデフォルトは、母平均の差と母分散とも無情報事前分布である拡散分布が設定されています。利用できる事前情報がない場合には、拡散分布のまま分析するとよいでしょう。もし、利用できる事前情報がある場合には、その情報に合わせて母平均の差と母分散の事前分布のパラメータを変更しましょう。

8.3 SPSS による対応のある２標本の母平均の検定

8.3.1 SPSS による対応のある２標本の母平均の検定

今回は［対応のある２標本の母平均の検定.sav］というデータを利用します。このデータは、あるプログラムの受講者 50 人を対象に、プログラム前後にテストを行った結果を表したものです。プログラム受講に効果があったのかをプログラム前後のテスト得点の差を対応のある２標本の母平均の検定にて検討します。

テスト得点について、プログラム前の母平均を μ_1、プログラム後の母平均を μ_2、母平均の差を $\delta=\mu_2-\mu_1$ として、次の帰無仮説と対立仮説を検討します。

- 帰無仮説（H_0）：$\delta=0$
- 対立仮説（H_1）：$\delta\neq0$

Step1　メニューバーから［分析］＞［ベイズ統計］＞［対応サンプルの正規分布］を選びます。

Step2［対応サンプルの正規分布］のダイアログボックスが表示されます。

- 左側の変数リストから２標本の母平均の検定に用いる変数である［プログラム後］と［プログラム前］を選択し、 で［対応のある変数］に投入します。なお、今回は母平均の差を $\delta = \mu_2 - \mu_1$、つまりプログラム後の得点からプログラム前の得点を引いています。そのため、［プログラム後］を先に、［プログラム後］を後に投入します。
- 事後分布とベイズ因子の両方を求めるために、［ベイズ分析］では［両方の方法の使用］を選択します。
- 帰無仮説を $\delta = 0$ ではなく、$\delta = 10$（プログラム前後で母平均の差が 10 点ある）などにする場合には、［零のテスト値］にその値を入力してください。

Step3 事前分布を変更する場合には、［事前確率］を選びます。

今回はデフォルトである拡散分布、つまり無情報事前分布のまま分析を進めますが、事前情報がある場合には逆カイ２乗分布や逆ガンマ分布、正規分布を選択し、パラメータの値を設定してください。

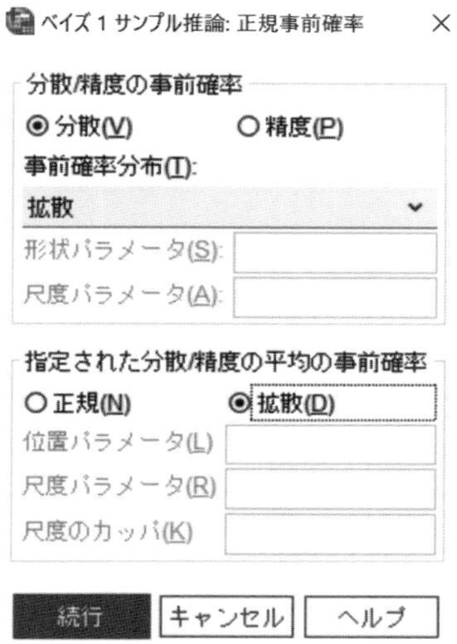

Step4 信用区間や数値的な方法を変更する場合には、［基準］を選びます。

今回はデフォルトのまま分析を進めますが、信用区間を 99% に変更する場合や、数値的な方法をモンテカルロ近似に変更する場合には、それぞれの数値や方法を変更・選択します。

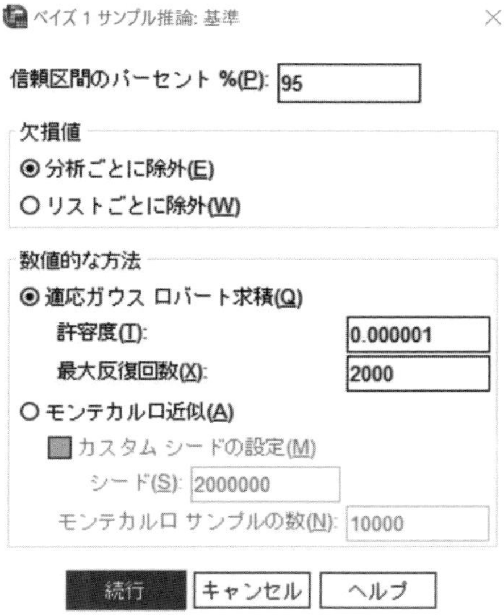

Step5 最後に［OK］を押すと結果が出力されます。

8.3.2 SPSSによる対応のある２標本の母平均の検定の結果確認

Step1 ベイズ因子を確認するために、［対応サンプルのｔ検定のベイズ因子］を確認します。

対応サンプルのｔ検定のベイズ因子

	N	平均値の差	標準偏差	平均値の標準誤差	ベイズ因子	t値	自由度	有意確率 (両側)
プログラム後 - プログラム前	50	8.50	2.565	.363	.000	23.428	49	.000

ベイズ因子: 帰無仮説 対 対立仮説。

- Nはプログラムの受講者数を表しています。
- ベイズ因子は $BF_{01}=.000$ という結果が得られました。$BF_{01}=.000$ は「対立仮説に対して帰無仮説は約0.000倍もっともらしい」ことを意味しています。そして、ベイズ因子は1/100（＝0.01）未満の値であるので「対立仮説に対する最高レベルの証拠」が得られたと解釈できます。
- t 値と自由度、有意確率（両側）は p 値に基づく仮説検定を行った結果です。今回の場合、$t(49)=23.43,\ p<.001$ よりプログラム受講前後のテスト得点の平均値には0.1%水準で有意差が認められます。

Step2 母平均の差の事後分布を確認するために、［対応サンプル平均値の差の事後分布評価］を確認します。

対応サンプル平均値の差の事後分布評価

		事後分布			95% 信用区間	
	N	最頻値	平均値	分散	下限	上限
プログラム後 - プログラム前	50	8.50	8.50	.143	7.75	9.25

分散の事前確率: Diffuse。平均の事前確率: Diffuse。

● テスト得点の母平均の差の事後分布について、最頻値はMAP＝8.50、平均値はEAP＝8.50、分散は0.143、95%信用区間は7.75から9.25という結果が得られました。95%信用区間に0が含まれていないことから、プログラム後の方がテスト点の平均が高かったといえます。

Step3 対数尤度、事前分布、事後分布を確認します。

対数尤度関数の結果が出力されますが、尤度関数の対数をとっただけなのでその本質が変わるということではありません。それゆえ、とくに気にせず結果を確認してください。

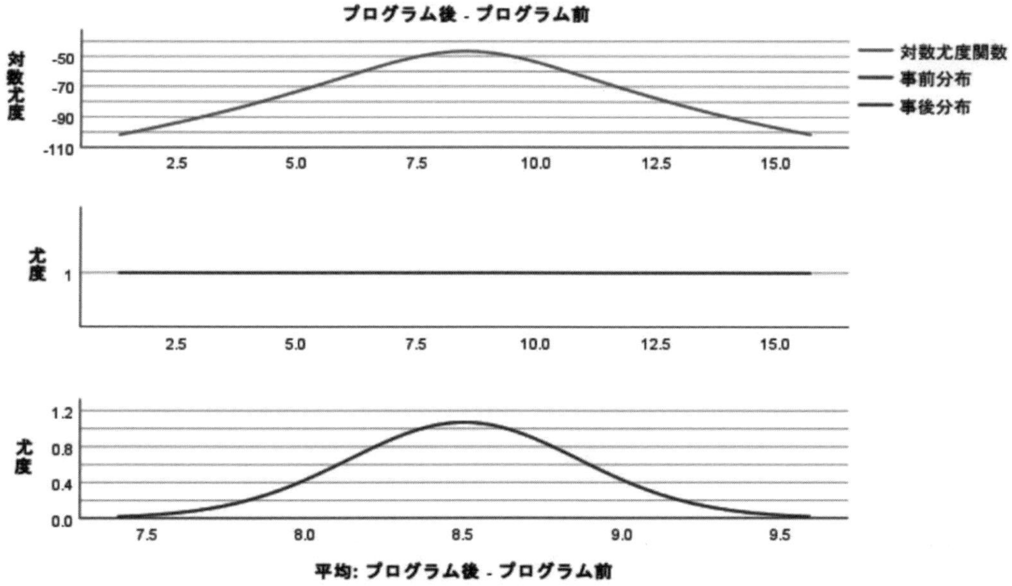

8.4　対応のある２標本の母平均の検定の結果報告

本章の最後に、得られた対応のある２標本の母平均の検定結果をどのようにレポートや論文で報告するとよいかについて説明します。

ベイズ法により対応のある２標本の母平均の検定を行った場合には、

- 用いたデータの概要（標本サイズ、標本の平均と標準偏差はマストです）
- 帰無仮説と対立仮説
- 用いた事前分布と数値的な方法
- ベイズ因子とその評価
- 母平均の差の事後分布の最頻値、平均値、信用区間、分散

を報告するとよいでしょう。

報告例

あるプログラムの効果を検証するために、受講者50人を対象にプログラム実施前後にテストを行った。プログラム実施前後のテストの平均点（*M*）と標準偏差（*SD*）を表に記す。

	M	*SD*
プログラム受講前	60.14	13.16
プログラム受講後	68.64	15.71

プログラム後のテスト点とプログラム前のテスト点の母平均の差をδとして、帰無仮説を「H_0：$\delta=0$」、対立仮説を「H_1：$\delta \neq 0$」とした対応のある２標本の母平均の検定を行った。母平均の差と母分散の事前分布には無情報事前分布である漠然分布を設定した。そして、事後分布の推定にはSPSSのデフォルトである適応ガウス・ロバート求積（許容度0.000001、最大反復回数2000）を用いた。

その結果、対立仮説に対する帰無仮説のベイズ因子は$BF_{01}=.000$であったため、対立仮説に対する最高レベルの証拠が得られた。また、母平均の差δの事後分布について、最頻

値はMAP＝8.50、平均値はEAP＝8.50、95％信用区間は［7.75, 9.25］、分散は0.14であった。以上から、プログラム受講後の方がテスト点は高く、プログラムに効果があることが示された。

8章のまとめ

■2標本の母平均の検定

- 2つのグループや条件から得られた母平均 μ_1 と μ_2 が異なるかどうか、つまり2標本の母平均の差 $\delta = \mu_1 - \mu_2$ を検討する方法です。
- 帰無仮説　H_0：$\delta = 0$；母平均の差は0である
- 対立仮説①　H_1：$\delta \neq 0$；母平均の差は0ではない（両側検定）
- 対立仮説②　H_1：$\delta > 0$；母平均の差は0より大きい（片側検定）
- 対立仮説③　H_1：$\delta < 0$；母平均の差は0より小さい（片側検定）

■データの対応あり・なし

- 対応ありデータ：同じ個体から集められた異なる条件のデータです。
- 対応なしデータ：異なる個体から集められた異なる条件のデータです。

■ベイズ法による対応のある2標本の母平均の検定

- 母平均の差と母分散の事前分布には様々なものがありますが、無情報事前分布を用いる場合には、SPSSのデフォルトである漠然分布を用いるとよいです。

第９章

対応のない２標本の母平均の検定

異なる個体から集められた異なる２つの条件のデータから推測される母平均 μ_1 と μ_2 が異なるかを検討する「対応のない２標本の母平均の検定」について学習します。

キーワード：対応のない２標本の母平均の検定、拡散分布、Rouder 法

9.1 対応のない２標本の母平均の検定

9.1.1 対応のない２標本の母平均の検定

対応のない２標本の母平均の検定とは、異なる個体から集められた異なる２つの条件のデータから推測される母平均 μ_1 と μ_2 が異なるか、つまりの母平均の差を検討する方法です。8.1.2 項の説明と同様に、２つの母平均を μ_1、μ_2、母平均の差を $\delta=\mu_1-\mu_2$ とした上で、帰無仮説を「母平均の差 δ は０である $(H_0 : \delta=0)$」とします。そして、次の３つの対立仮説のうち関心があるものについて検討します。

- 帰無仮説　$H_0 : \delta=0$；母平均の差は０である
- 対立仮説① $H_1 : \delta\neq0$；母平均の差は０ではない（両側検定）
- 対立仮説② $H_1 : \delta>0$；母平均の差は０より大きい（片側検定）
- 対立仮説③ $H_1 : \delta<0$；母平均の差は０より小さい（片側検定）

多くの場合、対立仮説①「母平均の差は０ではない $(H_1 : \delta\neq0)$」を検討します。

9.1.2 ベイズ法による対応のない２標本の母平均の検定

２つの標本それぞれの母平均をμ_1、μ_2、母分散をσ_1^2、σ_2^2、母平均の差を$\delta = \mu_1 - \mu_2$とします。ここで求める母数はδ、σ_1^2、σ_2^2ですので、事後分布は

$$f(\delta, \sigma_1^2, \sigma_2^2 | x) = \frac{f(x | \delta, \sigma_1^2, \sigma_2^2) f(\delta, \sigma_1^2, \sigma_2^2)}{f(x)} \propto f(x | \delta, \sigma_1^2, \sigma_2^2) f(\delta, \sigma_1^2, \sigma_2^2) \tag{1}$$

ベイズ因子は

$$B_{01} = \frac{f(x | H_0)}{f(x | H_1)} = \frac{f(x | \delta = 0, \sigma_1^2, \sigma_2^2)}{f(x | \delta \neq 0, \sigma_1^2, \sigma_2^2)} \tag{2}$$

となります。

式(1)から、母平均差と２つの母分散の同時事前分布$f(\delta, \sigma_1^2, \sigma_2^2)$、つまり母平均の差と母分散の事前分布を決める必要があります。

対応のない２標本の母平均の検定について、SPSSでは２標本の母分散が既にわかっているかどうか、等しいかどうかで設定できる事前分布が異なります。ここから、設定できる事前分布について場合を分けて説明します。

(1) 母分散が既にわかっている場合

２標本の母分散の値を設定した上で、２標本の母平均の事前分布を設定できます。母平均の事前分布として、無情報事前分布である**拡散分布**と、無情報事前分布ではない正規分布を設定することができます。

(2) 母分散はわかっていないが等しい場合

２標本の母分散の事前分布として、無情報事前分布であるジェフェリーズ(Jeffreys)による事前分布と、無情報事前分布ではない逆カイ２乗分布を設定することができます。なお２標本の母平均の事前分布は自動的に無情報事前分布である拡散分布に設定されます。

(3) 母分散はわかっておらず、かつ等しくない場合

２標本の母平均と母分散は自動的に無情報事前分布である拡散分布に指定されます。

基本的には、(2)母分散はわかっていないが等しい場合、あるいは(3)母分散はわかっておらず、かつ等しくない場合のいずれかに基づいて事前分布を設定します。２標本の分散や標準偏差の値が近い値の場合には(2)、そうではない場合には(3)の方法を用いるとよいでしょう。

また、対応のない２標本の母平均の検定では、ベイズ因子の方法として以下３つの方法を選択できます。

(1) Rouder 法

SPSS のデフォルトの方法です。母平均と母分散の事前分布として無情報事前分布を設定し、ベイズ因子を算出します。

(2) Gonen 法

母平均の差 δ をその標準偏差 σ_δ で割った値である効果量の値を設定し、ベイズ因子を算出します。

(3) 超事前分布法

Gonen 法にて説明した効果量に超事前分布(hyper-g)を設定し、ベイズ因子を算出します。

基本的には、SPSS のデフォルトである(1)Rouder 法を用いるとよいでしょう。事前に活用できる情報などがある場合には(2)Gonen 法や(3)超事前分布法を用いるとよいでしょう。

9.2　SPSS による対応のない２標本の母平均の検定

9.2.1　SPSS による対応のない２標本の母平均の検定

今回は［対応のない２標本の母平均の検定.sav］というデータを利用します。このデータは、２つのクラス A 組と B 組での英語の期末テストの得点を表したものです。A 組と B 組で英語の期末テストの平均点に差があるかどうかを対応のない２標本の母平均の検定にて検討します。

テスト得点について、A 組の母平均をμ_1、プログラム後の母平均をμ_2、母平均の差を$\delta = \mu_1 - \mu_2$として、次の帰無仮説と対立仮説を検討します。

- 帰無仮説(H_0)：$\delta = 0$
- 対立仮説(H_1)：$\delta \neq 0$

Step1　メニューバーから［分析］＞［ベイズ統計］＞［独立サンプルの正規分布］を選びます。

Step2［独立サンプルの正規分布］のダイアログボックスが表示されます。

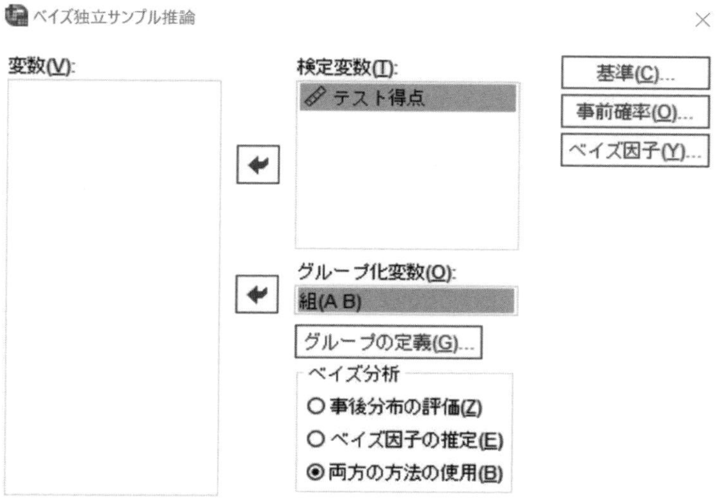

- 左側の変数リストから２標本の母平均の検定で平均値を比較する［テスト得点］を選択し、で［検定変数］に投入します。そして、クラスの違いを表す［組］を選択し、で［グループ化変数］に投入します。なお、［組（？？）］と出力された場合には、［グループの定義］を選択し、グループ１にＡ、グループ２にＢと入力します。

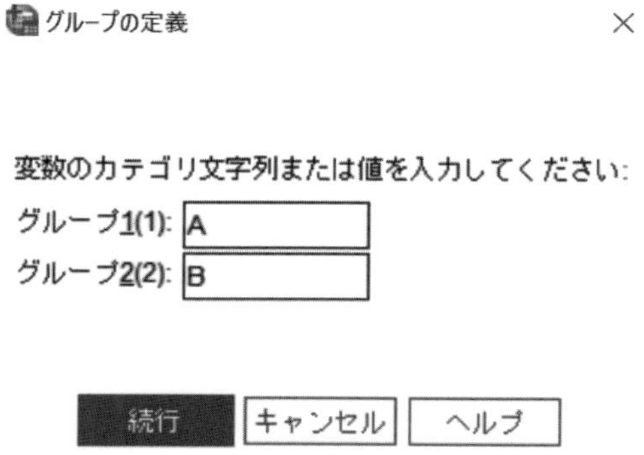

- 事後分布とベイズ因子の両方を求めるために、［ベイズ分析］では［両方の方法の使用］

を選択します。

Step3 事前分布を変更する場合には、［事前確率］を選びます。

今回は(3)母分散はわかっておらず、かつ等しくない場合に基づいて、つまり母平均と母分散の事前分布として無情報事前分布である拡散分布のまま分析を進めます。母分散がわかっている場合や等しい場合、さらに事前情報がある場合には他の事前分布を設定してください。

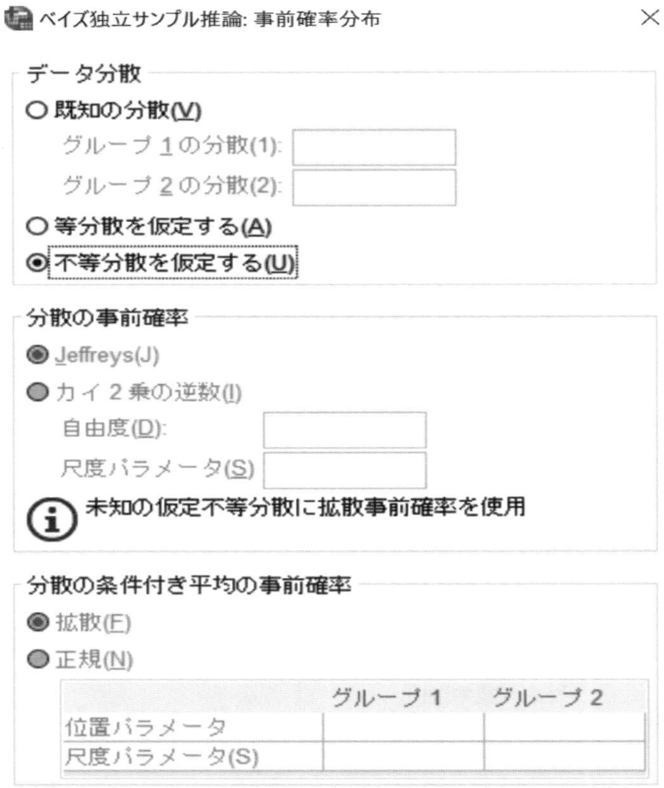

Step4 ベイズ因子の算出方法を変更する場合には、［ベイズ因子］を選びます。

今回はデフォルトである Rouder 法にてベイズ因子を算出しますが、Gonen 法や超事前分布法にてベイズ因子を算出する場合には、それぞれの数値や方法に変更・選択します。

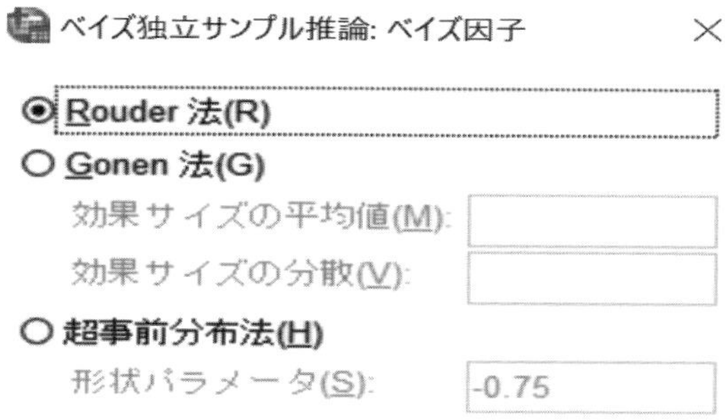

Step5 信用区間や数値的な方法を変更する場合には、［基準］を選びます。

今回はデフォルトのまま分析を進めますが、信用区間を99%に変更する場合や方法の値を変更する場合には、その値を入力します。

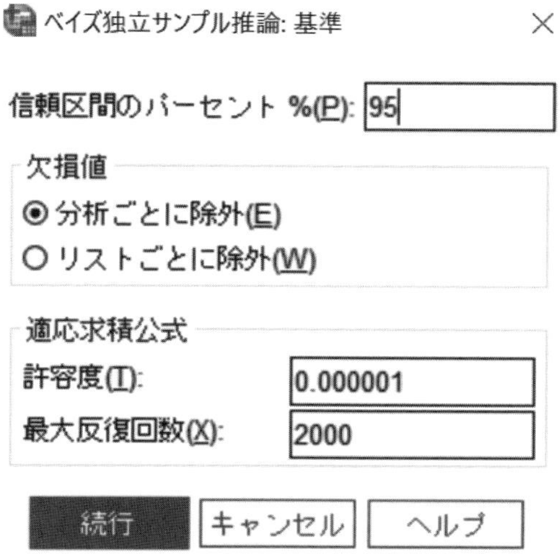

Step6 最後に［OK］を押すと結果が出力されます。

9.2.2　SPSS による対応のない２標本の母平均の検定の結果確認

Step1　２標本の平均値と標準偏差を確認するために、［グループ統計量］を確認します。

グループ統計量

	組	N	平均値	標準偏差	平均値の標準誤差
テスト得点	= A	50	50.14	13.155	1.860
	= B	50	64.74	5.813	.822

● N はそれぞれのクラスの人数を表しています。

Step2　ベイズ因子を確認するために、［ベイズ因子独立サンプルの検定］を確認します。

ベイズ因子独立サンプルの検定 (方法 = Rouder)[a]

	平均値の差	プールされた差の標準誤差	ベイズ因子[b]	t 値	自由度	有意確率 (両側)
テスト得点	14.60	2.034	.000	7.178	98	<.001

a. グループ間で不等分散を仮定します。

b. ベイズ因子: 帰無仮説 対 対立仮説。

● ベイズ因子は $BF_{01}=.000$ という結果が得られました。$BF_{01}=.000$ は「対立仮説に対して帰無仮説は約 0.000 倍もっともらしい」ことを意味しています。そして、ベイズ因子は 1/100（= 0.01）未満の値であるので「対立仮説に対する最高レベルの証拠」が得られたと解釈できます。

● t 値と自由度、有意確率（両側）は p 値に基づいた仮説検定を行った結果です。今回の場合、$t(98)=7.18,\ p<.001$ より A 組と B 組ではテストの平均点に 0.1% 水準で有意差が認められます。

Step3 母平均の差の事後分布を確認するために、［独立サンプル平均値の事後分布評価］を確認します。

独立サンプル平均値の事後分布評価[a]

	事後分布			95% 信用区間	
	最頻値	平均値	分散	下限	上限
テスト得点	14.60	14.60	4.313	10.52	18.68

a. 分散の事前確率: Diffuse。平均の事前確率: Diffuse。

- テスト得点の母平均の差の事後分布について、最頻値はMAP＝14.60、平均値はEAP＝14.60、分散は4.313、95％信用区間は10.52から18.68という結果が得られました。95％信用区間に0が含まれていないことから、B組の方がテストの平均点が高かったといえます。さらに、95％信用区間の下限が10.52点であったので、その差は10点以上あったと確実にいえるでしょう。

Step4 対数尤度、事前分布、事後分布を確認します。

これまでの分析と異なり、事前分布が２つ出力されています。事前確率分布(A)はA組のテスト得点に関する事前分布、事前確率分布(B)はB組のテスト得点に関する事前分布を表しています。

対数尤度関数の結果が出力されますが、尤度関数の対数をとっただけなのでその本質が変わるということではありません。それゆえ、とくに気にせず結果を確認してください。

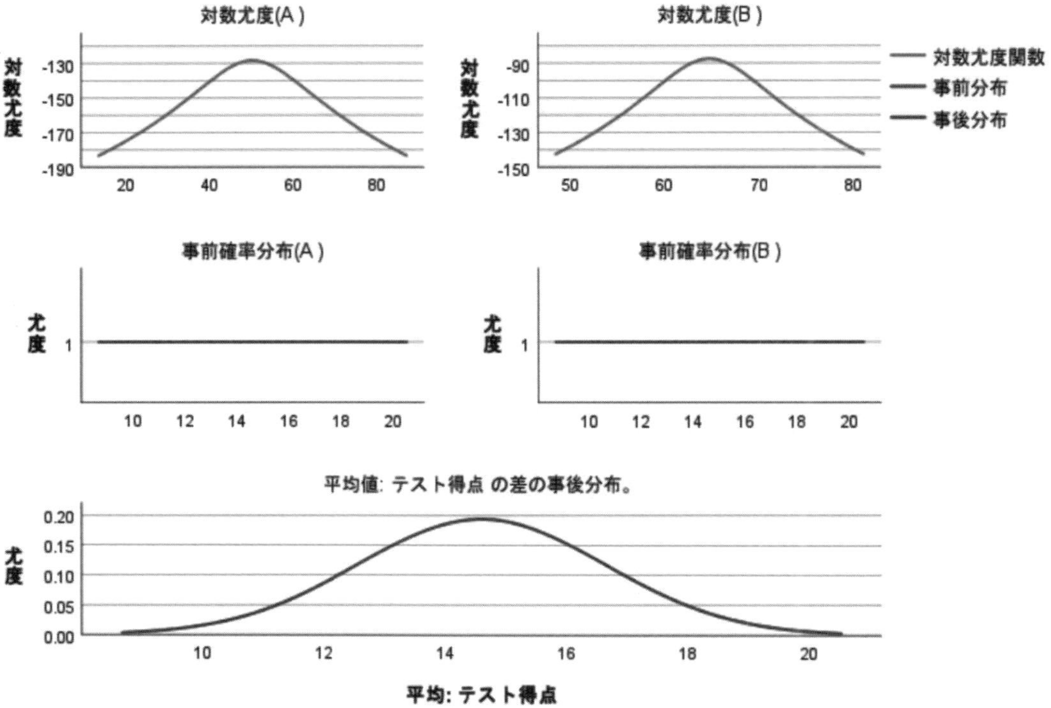

9.3 対応のない２標本の母平均の検定の結果報告

本章の最後に、得られた対応のない２標本の母平均の検定結果をどのようにレポートや論文で報告するとよいかについて説明します。

ベイズ法により対応のない２標本の母平均の検定を行った場合には、

- 用いたデータの概要（標本サイズ、標本の平均と標準偏差はマストです）
- 帰無仮説と対立仮説
- 用いた事前分布と数値的な方法
- ベイズ因子とその評価

- 母平均の差の事後分布の最頻値、平均値、信用区間、分散

を報告するとよいでしょう。

報告例

A 組(50 人)と B 組(50 人)における英語の期末テストの得点について、平均点(*M*)と標準偏差(*SD*)を表に記す。

	M	*SD*
A 組	50.14	13.16
B 組	64.74	5.81

A 組と B 組のテスト得点の母平均の差を δ として、帰無仮説を「$H_0: \delta = 0$」、対立仮説を「$H_1: \delta \neq 0$」とした対応のある 2 標本の母平均の検定を行った。母平均の差と母分散の事前分布には無情報事前分布である漠然分布を設定した。そして、事後分布の推定には SPSS のデフォルトである適応ガウス･ロバート求積(許容度 0.000001、最大反復回数 2000)を用いた。なお、ベイズ因子は SPSS のデフォルトである Rouder 法に基づいた。

その結果、対立仮説に対する帰無仮説のベイズ因子は $BF_{01} = .000$ であったため、対立仮説に対する最高レベルの証拠が得られた。また、母平均の差 δ の事後分布について、最頻値は MAP＝14.60、平均値は EAP＝14.60、95% 信用区間は [10.52, 18.68]、分散は 4.31 であった。以上から、B 組の方が英語の期末テストの平均点が高かったことが示された。

9章のまとめ

■対応のない２標本の母平均の検定

- 異なる個体から集められた異なる２つの条件のデータから推測される母平均μ_1とμ_2が異なるかを検討する方法です。母平均差を$\delta = \mu_1 - \mu_2$として、次の帰無仮説と対立仮説を検討します。
- 帰無仮説　H_0：$\delta = 0$；母平均の差は０である
- 対立仮説①　H_1：$\delta \neq 0$；母平均の差は０ではない（両側検定）
- 対立仮説②　H_1：$\delta > 0$；母平均の差は０より大きい（片側検定）
- 対立仮説③　H_1：$\delta < 0$；母平均の差は０より小さい（片側検定）

■ベイズ法による対応のない２標本の母平均の検定

- 母平均と母分散の事前分布には様々なものがあります。無情報事前分布を用いる場合には、SPSS のデフォルトである漠然分布を用いるとよいです。
- ベイズ因子の算出方法として、Rouder 法、Gonen 法、超事前分布法があります。事前情報がない場合には、SPSS のデフォルトである Rouder 法を用いるとよいです。

第10章

一元配置分散分析

３つ以上の条件のデータから推測される母平均が異なるかを検討する「分散分析」について学習します。

キーワード：分散分析、水準、被験者間(内)要因、参照事前分布

10.1 分散分析

10.1.1 分散分析

分散分析とは、３つ以上のグループや条件から得られた母平均が異なるかどうか、つまり３標本以上の母平均の差を検討する方法です。例えば、次のような場面で分散分析は行われます。

- あるダイエット法の効果を検証するために、参加者 40 人の実施前、実施 10 週間後、実施 20 週間後の体重を測定しました。平均体重はそれぞれ、実施前が 75.2 kg、実施 10 週間後が 72.1 kg、実施 20 週間後が 71.9 kg でした。ダイエット法には効果があったといえるでしょうか？
- 今回の期末試験の平均点は、A 組が 70 点、B 組が 60 点、C 組が 65 点でした。これら３クラスの平均点に違いがあるといえるでしょうか？

母平均の差に関する分析なのに「分散分析」と呼ぶのはおかしいと思った人がいるのでは

ないでしょうか。３標本以上の母平均の差の分析を「分散分析」と呼ぶのは、各標本と標本全体の平均との間の「分散」に着目するからです。イメージしやすいように、下に図を記します。図中の両矢印（↔）は、各標本から標本の全体平均との分散の大きさを表しています。図からわかるように、分散が大きい場合には平均値の差が大きく、分散が小さい場合には平均値の差が小さくなります。このように、分散の大きさに着目して３標本以上で母平均に差があるかどうかを検討するため、３標本以上の母平均の差の分析を分散分析と呼ぶのです。

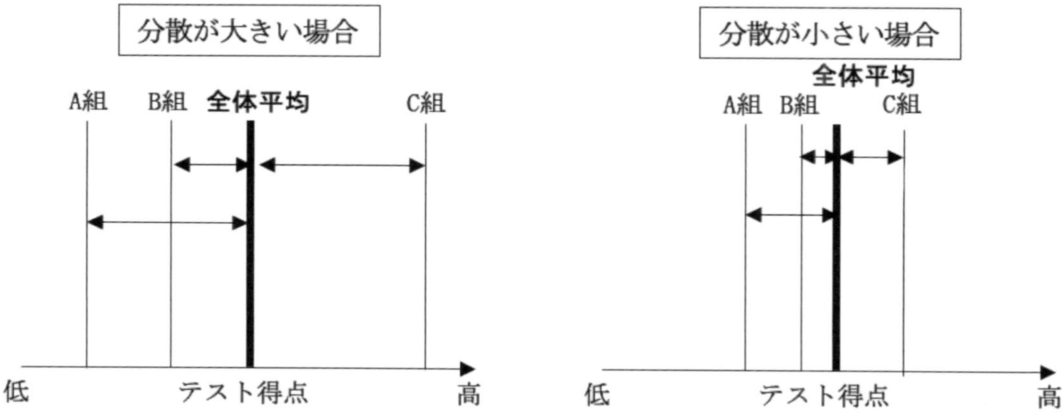

10.1.2 一元配置分散分析と二元配置分散分析

分散分析では標本つまりグループや条件の違いが平均値の差をつくる原因であると考えます。そのため、グループや条件の違いのことを**要因**と呼びます。先のダイエット法の例ですと実施前、実施 10 週間後、実施 20 週間後という「時期」が、期末試験の例ですと A 組、B 組、C 組という「クラス」が要因となります。そして、A 組、B 組、C 組のように要因の取りうる値のことを**水準**といいます。

また、分散分析では要因が１つとは限りません。例えば、あるダイエット法の効果を検証する場合にダイエット法を実施したグループと実施しなかったグループを設定して、実施前、実施 10 週間後、実施 20 週間後の体重を比較することがあげられます。この場合の要因は「ダイエット法の有無」（水準：あり・なし）と「時期」（水準：実施前・実施10週間後・実施20週間後）となります。この要因の数によって分散分析の名称が異なり、要因が１つの場合を一元配置分散分析、要因が２つの場合を二元配置分散分析、要因が３つ以上の場合を多元配置分散分析と呼びます。

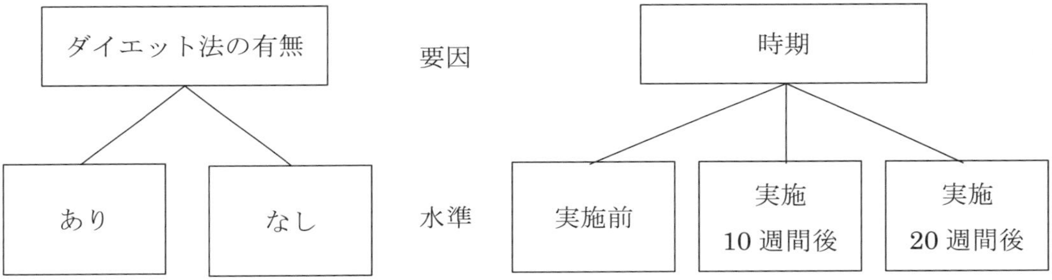

残念なことに、現在のSPSSの仕様ですとベイズ法による二元配置分散分析や多元配置分散分析はメニューに含まれておらず、簡単に分析することができません。ベイズ法によりこれらの分析を行いたい場合には、ベイズ法による回帰分析（13章参照）を代替的に実行するか、JASPやRのような他の統計ソフトウェアを用いる必要があります。

10.1.3　被験者内要因と被験者間要因

２標本の母平均の検定と同様に、分散分析においてもデータが対応ありかどうかを確認する必要があります。つまり、要因が対応ありかどうかを確認します。分散分析では、対応ありの要因のことを**被験者内要因**、対応なし要因のことを**被験者間要因**と呼びます。また、２要因以上の分散分析では被験者内要因と被験者間要因の両方が含まれることがあります。このように、被験者内要因と被験者間要因の両方が含まれたものを混合要因といいます。10.1.2項で示したダイエット法の例では、「ダイエット法の有無」が「被験者間要因」、「時期」が「被験者内要因」の混合要因となります。

なお、被験者内要因の分散分析は、同じ個体から複数回データを反復して測定しているので、**反復測定分散分析**ともいいます。

現在のSPSSでは被験者間要因の一元配置分散分析と一元配置反復測定分散分析を実行することができます。そこで、以下の本章では被験者間要因の一元配置分散分析、次章では一元配置反復測定分散分析について説明します。

10.1.4 分散分析の前提条件

2標本の母平均の検定と同様に、分散分析を行う前に次の2点を確認する必要があります。

- 間隔データか比率データであるか？
  - ▶ 分散分析は間隔データか比率データでしか行うことができない分析です。そのため、案A、B、Cの賛成率を比較するというような名義データを分析する場合には、比率の差の検定やカイ2乗検定を行いましょう。
- 被験者内要因と被験者間要因のどちらであるか？（10.1.3項を参照）

10.2 一元配置分散分析

10.2.1 一元配置分散分析の帰無仮説と対立仮説

ある要因での水準の数がmであるとき、m水準それぞれの母平均をμ_1、μ_2、…、μ_mとします。一元配置分散分析では、帰無仮説を「全て標本間で母平均が等しい（H_0：$\mu_1 = \mu_2 = \cdots = \mu_m$）」とします。そして、対立仮説は「ある標本間で母平均が等しくない」となります。対立仮説が「全ての標本間で母平均が等しくない」ではないことに注意してください。また、分散分析ではこれまでの分析と異なり、片側検定は検討しない（できない）ことにも注意してください。

- 帰無仮説 $H_0 : \mu_1 = \mu_2 = \cdots = \mu_m$；全ての標本間で母平均が等しい
- 対立仮説 H_1：ある標本間で母平均が等しくない

10.2.2 ベイズ法による一元配置分散分析

ある要因での水準の数が m であるとします。このとき、m 水準それぞれの母平均を μ_1、μ_2、…、μ_m、母分散を σ_1^2、σ_2^2、…σ_m^2 とします。ここで求める母数は、μ_1、μ_2、…、μ_m、σ_1^2、σ_2^2、…σ_m^2 ですので、事後分布は

$$f(\mu_1,\mu_2,\cdots,\mu_m,\sigma_1^2,\sigma_2^2,\cdots,\sigma_m^2|x)=\frac{f(x|\mu_1,\mu_2,\cdots,\mu_m,\sigma_1^2,\sigma_2^2,\cdots,\sigma_m^2)f(\mu_1,\mu_2,\cdots,\mu_m,\sigma_1^2,\sigma_2^2,\cdots,\sigma_m^2)}{f(x)}$$

$$\propto f(x|\mu_1,\mu_2,\cdots,\mu_m,\sigma_1^2,\sigma_2^2,\cdots,\sigma_m^2)f(\mu_1,\mu_2,\cdots,\mu_m,\sigma_1^2,\sigma_2^2,\cdots,\sigma_m^2) \quad (1)$$

ベイズ因子は

$$B_{01}=\frac{f(x|H_0)}{f(x|H_1)}=\frac{f(x|\mu_1=\mu_2=\mu_m,\sigma_1^2,\sigma_2^2,\cdots,\sigma_m^2)}{f(x|H_1)} \quad (2)$$

となります。なお、SPSS による分散分析でのベイズ因子は、

$$B_{10}=\frac{f(x|H_1)}{f(x|H_0)}=\frac{f(x|H_1)}{f(x|\mu_1=\mu_2=\mu_m,\sigma_1^2,\sigma_2^2,\cdots,\sigma_m^2)}=\frac{1}{B_{01}} \quad (3)$$

が用いられます。つまり、分散分析でのベイズ因子 B_{10} は「帰無仮説に対して対立仮説がどの程度もっともらしいか」を表しています。このことを念頭に置いて、分析結果を確認しましょう。4.2.4 項で説明したように、(3) 式の最左辺と最右辺から、B_{10} と B_{01} は逆数の関係にあります。これまでと同様に、ベイズ因子として B_{01} を報告したい場合には、SPSS で得られた分散分析でのベイズ因子の値の逆数を取りましょう。

式 (1) から、m 水準それぞれの母平均と母分散の同時事前分布 $f(\mu_1$、μ_2、…、μ_m、σ_1^2、σ_2^2、…$\sigma_m^2)$、つまり、母平均と母分散の事前分布を決める必要があります。SPSS で用いることができる事前分布として、**参照事前分布**と**共役事前分布**があります。それぞれの特徴は次の表のようになります。SPSS のデフォルトでは無情報事前分布である参照事前分布が設定されています。利用できる事前情報がない場合には、デフォルトのまま分析するとよいで

しょう。もし、利用できる事前情報がある場合には、その情報に合わせて母平均と母分散の事前分布のパラメータを変更しましょう。

参照事前分布	データによる情報を利用しており、事前情報が希薄な分布であるため、無情報事前分布として扱うことができます。
共役事前分布	事後分布と事前分布が同じ種類の分布になるように設定されたものです。事前分布として共役事前分布を用いることで、事後分布の計算を早く簡単にできるという長所があります。しかし、共役事前分布の設定が恣意的であるという批判、さらには最近のマルコフ連鎖モンテカルロ法(Markov chain Monte Carlo methods：MCMC）の発達において、その長所は小さくなりつつあります。 SPSS では、一元配置分散分析の共役事前分布として、母平均と母分散の事前分布として正規逆ガンマ同時分布が設定されています。

また、SPSS による一元配置分散分析では、ベイズ因子の算出方法として以下 4 つの方法を選択できます。

(1) JZS 法

SPSS のデフォルトの方法です。Zellner-Siow の方法といいます。

(2) ゼルナー法

ゼルナーの g 事前分布（0 より大きい値）を設定して、ベイズ因子を算出します。

(3) 超事前分布法

逆ガンマ分布の形状パラメータ（0 より大きい値）を設定して、ベイズ因子を算出します。なお、デフォルトの形状パラメータの値は 3 になっています。

(4) Rouder 法

逆ガンマ分布の尺度パラメータ（0 より大きい値）を設定して、ベイズ因子を算出します。なお、デフォルトの尺度パラメータの値は 1 となっています。

基本的には、SPSS のデフォルトである（1）Zellner-Siow の方法を用いるとよいでしょう。事前に活用できる情報などがある場合には、（2）から（4）の方法を用いるとよいでしょう。

10.3 SPSS による一元配置分散分析

10.3.1 SPSS による一元配置分散分析

今回は［一元配置分散分析.sav］というデータを利用します。このデータは、3つのクラスA組、B組、C組での英語の期末テストの得点を表したものです。A組、B組、C組では英語の期末テストの平均点に差があるかどうかを分散分析にて検討します。なお、組が要因、その水準がA組、B組、C組となります。

今回の場合、帰無仮説と対立仮説は次のようになります。

- 帰無仮説：全てのクラス間でテスト点の母平均が等しい。
- 対立仮説：あるクラス間でテスト点の母平均が等しくない。

Step1 メニューバーから［分析］＞［ベイズ統計］＞［一元配置分散分析］を選びます。

Step2［一元配置分散分析］のダイアログボックスが表示されます。

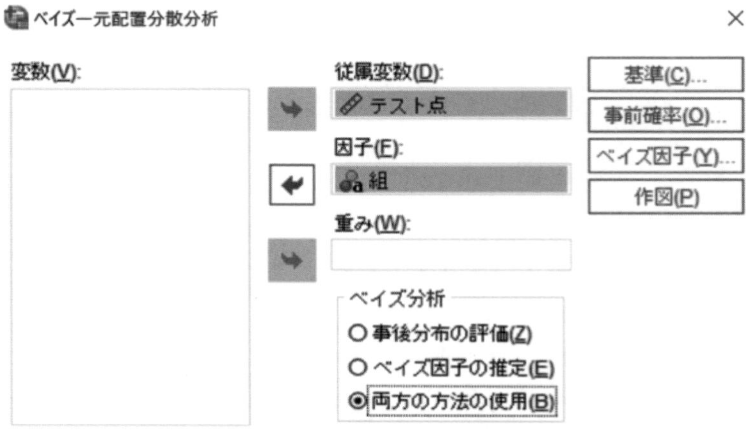

- 左側の変数リストから分散分析で平均値を比較する［テスト点］を選択し、で［従属変数］に投入します。次に、要因である［組］を選択し、で［因子］に投入します。
- 事後分布とベイズ因子の両方を求めるために、［ベイズ分析］にて［両方の方法の使用］を選択します。

Step3 事前分布を変更する場合には、［事前確率］を選びます。

今回はデフォルトである参照事前分布、つまり無情報事前分布のまま分析を進めますが、事前情報がある場合には共役事前分布を選択し、パラメータの値を設定してください。

- 誤差の分散の事前確率には、事前分布として逆ガンマ分布が設定されています。利用できる事前情報に応じて、形状パラメータと尺度パラメータそれぞれの値（0より大きい値）を設定します。
- 回帰パラメータの事前確率では、平均値と分散、共分散それぞれについて事前分布を設定することができます。利用できる事前情報に応じて、それぞれに値を入力します。

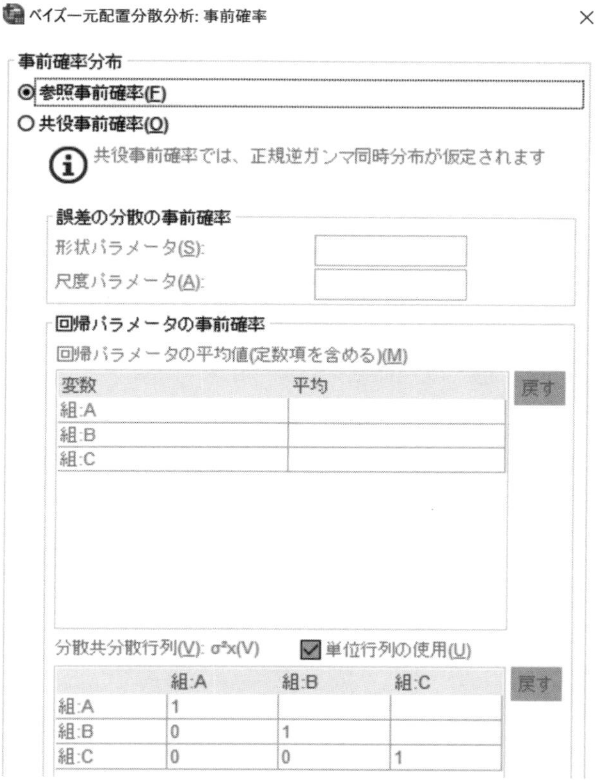

Step4 ベイズ因子の算出方法を変更する場合には、［ベイズ因子］を選びます。

今回はデフォルトであるJZS法にてベイズ因子を算出します。事前情報などがあり、他の方法にてベイズ因子を算出する場合には、それぞれの数値や方法に変更・選択します。

Step5 事前分布や事後分布、尤度に関するプロットを出力するために、［作図］を選びます。

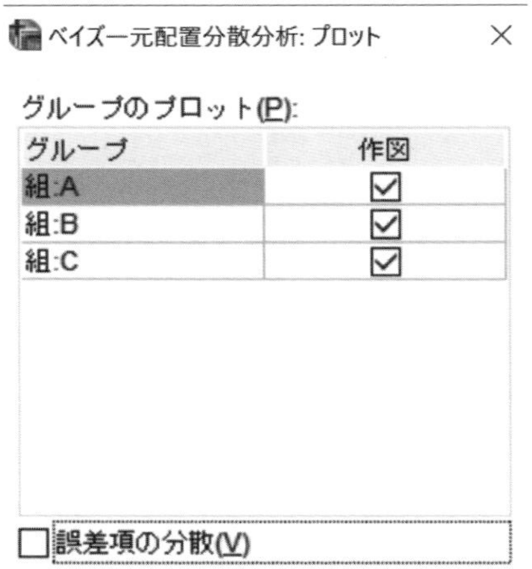

- A 組、B 組、C 組のテスト点の事前分布や事後分布、尤度に関するプロットを出力するために、それぞれにチェックをつけます。

Step6 信用区間や数値的な方法を変更する場合には、［基準］を選びます。

今回はデフォルトのまま分析を進めますが、信用区間を 99% に変更する場合や方法の値を変更する場合には、それぞれの数値を入力します。

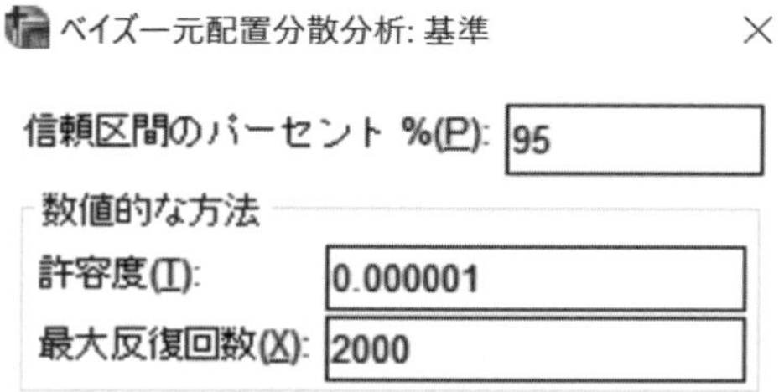

Step7 最後に［OK］を押すと結果が出力されます。

10.3.2 SPSS による一元配置分散分析の結果確認

Step1 分散分析の結果を［分散分析］にて確認します。

分散分析

テスト点	平方和	自由度	平均平方	F	有意	ベイズ因子[a]
グループ間	1383.633	2	691.817	7.677	.001	13.098
グループ内	5136.700	57	90.118			
総合計	6520.333	59				

a. ベイズ因子: JZS

- ベイズ因子は $BF_{10}=13.098$ という結果が得られました。$BF_{10}=13.098$ は「帰無仮説に対して対立仮説は約 13.098 倍もっともらしい」ことを意味しています。そして、ベイズ因子は 10 から 30 の値であるので、「対立仮説に対する強い証拠」が得られたと解釈します。
- F 値と自由度、有意は p 値に基づいた仮説検定を行った結果です。今回の場合、$F(2, 57)=7.68, p<.01$ より、A 組、B 組、C 組のテストの平均点には 1% 水準で有意差が認められます。

Step2 母平均の事後分布を［係数のベイズ推定値］にて確認します。

係数のベイズ推定値[a,b,c]

パラメータ	事後分布			95% 信用区間	
	最頻値	平均値	分散	下限	上限
組 = A	48.450	48.450	4.670	44.199	52.701
組 = B	53.850	53.850	4.670	49.599	58.101
組 = C	60.200	60.200	4.670	55.949	64.451

a. 従属変数：テスト点

b. モデル: 組

c. 標準的な参照事前確率を仮定します。

- 各クラスのテスト点について、母平均の事後分布が出力されます。例えば、A 組の母平均の事後分布について、最頻値は MAP＝48.450、平均値は EAP＝48.450、分散は 4.670、95% 信用区間は 44.199 から 52.701 という結果が得られました。
- クラス間のテスト点の母平均の大小を比較するために、95% 信用区間が重なっているかどうかを確認します。95% 信用区間が重なっていない場合には、クラス間でテスト点の母平均に差があると考えます。今回の場合、A 組と C 組の母平均の 95% 信用区間は重なっていないため、A 組と C 組のテスト点の母平均には差がある、特に C 組の方が A 組よりテスト点の平均が高いと考えます。また、A 組と B 組、B 組と C 組の母平均の 95% 信用区間が重なっているため、これらには母平均に差がないと考えます。

Step3 対数尤度、事前分布、事後分布を図で確認します。

対数尤度関数の結果が出力されますが、尤度関数の対数をとっただけなのでその本質が変わるということではありません。それゆえ、とくに気にせず結果を確認してください。

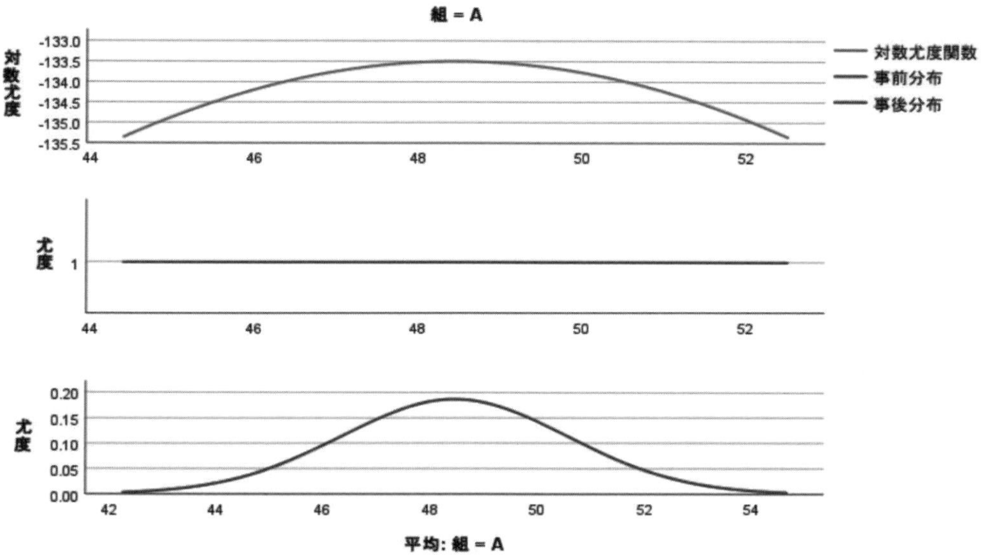

10.4　一元配置分散分析の結果報告

本章の最後に、得られた一元配置分散分析の結果をどのようにレポートや論文で報告するとよいかについて説明します。

ベイズ法により一元配置分散分析を行った場合には、

- 用いたデータの概要（標本サイズ、標本の平均と標準偏差はマストです）
- 帰無仮説と対立仮説
- 用いた事前分布と数値的方法
- ベイズ因子とその評価
- 母平均の事後分布の最頻値、平均値、信用区間、分散

を報告するとよいでしょう。

報告例

A 組（20 人）、B 組（20 人）、C 組（20 人）における英語の期末テストの得点について、平均点（M）と標準偏差（SD）を表に記す。

	M	SD
A 組	48.45	12.34
B 組	53.85	9.16
C 組	60.20	5.85

クラス間の平均点の差異を検討するために、帰無仮説を「全てのクラス間でテスト点の母平均が等しい」、対立仮説を「あるクラス間でテスト点の母平均が等しくない」とした分散分析を行った。事前分布には SPSS のデフォルトであり、事前情報が希薄である参照事前分布を用いた。そして、事後分布の推定には SPSS のデフォルトである適応ガウス・ロバート求積（許容度 0.000001、最大反復回数 2000）を用いた。なお、ベイズ因子は SPSS のデフォルトである Zellner-Siow の方法に基づいた。

その結果、帰無仮説に対する対立仮説のベイズ因子は $BF_{10} = 13.10$ であったため、対立仮説に対する強い証拠が得られた。また、各クラスのテスト点の母平均の事後分布を表に記す。

	MAP	EAP	95% 信用区間	分散
A 組	48.45	48.45	[44.20, 52.70]	4.67
B 組	53.85	53.85	[49.60, 58.10]	4.67
C 組	60.20	60.20	[55.95, 64.45]	4.67

A 組と C 組について、テスト点の母平均の事後分布の 95% 信用区間は重なっていなかった。そのため、C 組は A 組よりも英語の期末テストの平均点が高かったことが示された。

10章のまとめ

■分散分析

- ３標本以上の母平均の差を検討する方法です。
- 帰無仮説：全ての標本間で母平均が等しい
- 対立仮説：ある標本間で母平均が等しくない
- 分散分析ではグループや条件の違いのことを要因といいます。
- 要因の取りうる値を水準といいます。
- 要因の数によって分散分析の名称が異なり、要因が１つの場合を一元配置分散分析、要因が２つの場合を二元配置分散分析、要因が３つ以上の場合を多元配置分散分析と呼びます。
- 対応ありの要因を被験者内要因、対応なしの要因を被験者間要因といいます。
- 被験者内要因の分散分析は反復測定分散分析ともいいます。

■ベイズ法による一元配置分散分析

- 母平均と母分散の事前分布には様々なものがあります。無情報事前分布を用いる場合には、SPSSのデフォルトである参照事前分布を用いるとよいです。
- ベイズ因子の算出方法として、JZS法（Zellner-Siowの方法）、ゼルナー法、超事前分布法、Rouder法があります。事前情報がない場合には、SPSSのデフォルトであるJZS法（Zellner-Siowの方法）を用いるとよいです。

第11章

反復測定分散分析

対応のある要因（被験者内要因）の分散分析、つまり同じ個体から複数回反復して得られた母平均の差を検討する方法である「反復測定分散分析」について学習します。

キーワード：反復測定分散分析、球面性の仮定、Mauchly の球面性検定

11.1 反復測定分散分析

11.1.1 反復測定分散分析

反復測定分散分析とは、対応のある要因（被験者内要因）の分散分析のことで、同じ個体から複数回反復して得られたデータの母平均の差を検討する方法です。例えば、次のような場面で反復測定分散分析が行われます。

- ある実験が心拍数に及ぼす影響を検討するために、20 名の参加者に対して実験前、実験中、実験後に心拍数を測定しました。その結果、心拍数の平均値はそれぞれ 75.3、83.2、72.0 でした。実験が心拍数に影響を及ぼしたといえるでしょうか。
- あるダイエット法の効果を検証するために、参加者 40 人の実施前、実施 10 週間後、実施 20 週間後の体重を測定しました。平均体重はそれぞれ、実施前が 75.2kg、実施 10 週間後が 72.1kg、実施 20 週間後が 71.9kg でした。ダイエット法には効果があったといえるでしょうか？

反復測定分散分析では一元配置分散分析と同様に、ある要因 m 水準それぞれの母平均を μ_1、μ_2、…、μ_m としたとき、帰無仮説を「全て標本間で母平均が等しい（H_0：$\mu_1 = \mu_2 = \cdots = \mu_m$）」とします。そして、対立仮説は「ある標本間で母平均が等しくない」となります。

- 帰無仮説 H_0：$\mu_1 = \mu_2 = \cdots = \mu_m$；全ての標本間で母平均が等しい
- 対立仮説 H_1：ある標本間で母平均が等しくない

11.1.2 球面性の仮定

反復測定分散分析では、同じ個体から複数回反復してデータを得るため、観測値が互いに独立ではないことが想定されます。観測値が互いに独立ではない場合、水準間の差の分散が等しくなく、分散分析の結果を上手く推定できないことがあります。そのため、反復測定分散分析の前には、水準間の差の分散が等しいのか、つまり**球面性の仮定**が満たされているのかを確認する必要があります。

球面性の仮定を確認する方法として、**Mauchly の球面性検定**があります。この検定の帰無仮説は「水準間の差の分散が等しい」、対立仮説は「水準間の差の分散が等しくない」となります。つまり、これまでの分析と異なり、帰無仮説を棄却しないことが望ましいです。SPSS では、反復測定の分散分析を実行すると、Mauchly の球面性検定の結果も出力されるので、必ず確認するようにしましょう。

なお、球面性の仮定は「水準間の差の分散」に関するものであるため、水準の数が 2 の時には水準間の差が 1 パターンしかありませんので、分析が行われない（必要がない）ことに注意しましょう。

11.1.3 ベイズ法による反復測定分散分析

ある要因の m 水準それぞれの母平均を μ_1、μ_2、…、μ_m、母分散を σ_1^2、σ_2^2、…σ_m^2 とします。ここで求める母数は、μ_1、μ_2、…、μ_m、σ_1^2、σ_2^2、…σ_m^2 ですので、事後分布は

$$f(\mu_1,\mu_2,\cdots,\mu_m,\sigma_1{}^2,\sigma_2{}^2,\cdots,\sigma_m{}^2|x)=\frac{f(x|\mu_1,\mu_2,\cdots,\mu_m,\sigma_1{}^2,\sigma_2{}^2,\cdots,\sigma_m{}^2)f(\mu_1,\mu_2,\cdots,\mu_m,\sigma_1{}^2,\sigma_2{}^2,\cdots,\sigma_m{}^2)}{f(x)}$$

$$\propto f(x|\mu_1,\mu_2,\cdots,\mu_m,\sigma_1{}^2,\sigma_2{}^2,\cdots,\sigma_m{}^2)f(\mu_1,\mu_2,\cdots,\mu_m,\sigma_1{}^2,\sigma_2{}^2,\cdots,\sigma_m{}^2) \quad (1)$$

ベイズ因子は

$$B_{01}=\frac{f(x|H_0)}{f(x|H_1)}=\frac{f(x|\mu_1=\mu_2=\mu_m,\sigma_1{}^2,\sigma_2{}^2,\cdots,\sigma_m{}^2)}{f(x|H_1)} \quad (2)$$

となります。なお、SPSSによる反復測定分散分析でのベイズ因子は、

$$B_{10}=\frac{f(x|H_1)}{f(x|H_0)}=\frac{f(x|H_1)}{f(x|\mu_1=\mu_2=\mu_m,\sigma_1{}^2,\sigma_2{}^2,\cdots,\sigma_m{}^2)}=\frac{1}{B_{01}} \quad (3)$$

が用いられます。一元配置分散分析と同様に、反復測定分散分析のベイズ因子 B_{10} は「帰無仮説に対して対立仮説がどの程度尤もらしいか」を表すことに注意しましょう。

一元配置分散分析と異なり、SPSSによる反復測定分散分析では分析者が事前分布を設定できません。その代わりに、ベイズ中心極限定理に基づいた多変量正規分布への近似から、母平均の事後分布が自動的に導出されます。

また、SPSSによる反復測定分散分析では、ベイズ因子の算出方法として次の２つの方法を選択できます。基本的には、SPSSのデフォルトであるベイズ情報量規準（BIC）による方法を用いるとよいでしょう。

(1) ベイズ情報量規準（BIC）による方法

SPSSのデフォルトの方法です。帰無仮説と対立仮説でのベイズ情報量規準（BIC）の近似によって、ベイズ因子を算出します。

(2) Rouderの混合計画による方法

母平均と母分散から構成された値である効果量の事前分布としてコーシー分布、母分散に無情報事前分布を設定して、ベイズ因子を算出します。

11.2 SPSS による反復測定分散分析

11.2.1 SPSS による反復測定分散分析

今回は［反復測定分散分析.sav］というデータを利用します。このデータは、30人の生徒があるプログラムを受ける前（事前）、受けた直後（事後）、受けた1ヶ月後（遅延）のテストの得点を表したものです。事前、事後、遅延ではテストの平均点に差があるかどうかを反復測定分散分析により検討します。なお、時点が要因、その水準が事前、事後、遅延となります。

今回の場合、帰無仮説と対立仮説は次のようになります。

- 帰無仮説：事前、事後、遅延でテスト点の母平均が等しい。
- 対立仮説：事前、事後、遅延でテスト点の母平均が等しくない。

Step1 メニューバーから［分析］＞［ベイズ統計］＞［一元配置反復測定分散分析］を選びます。

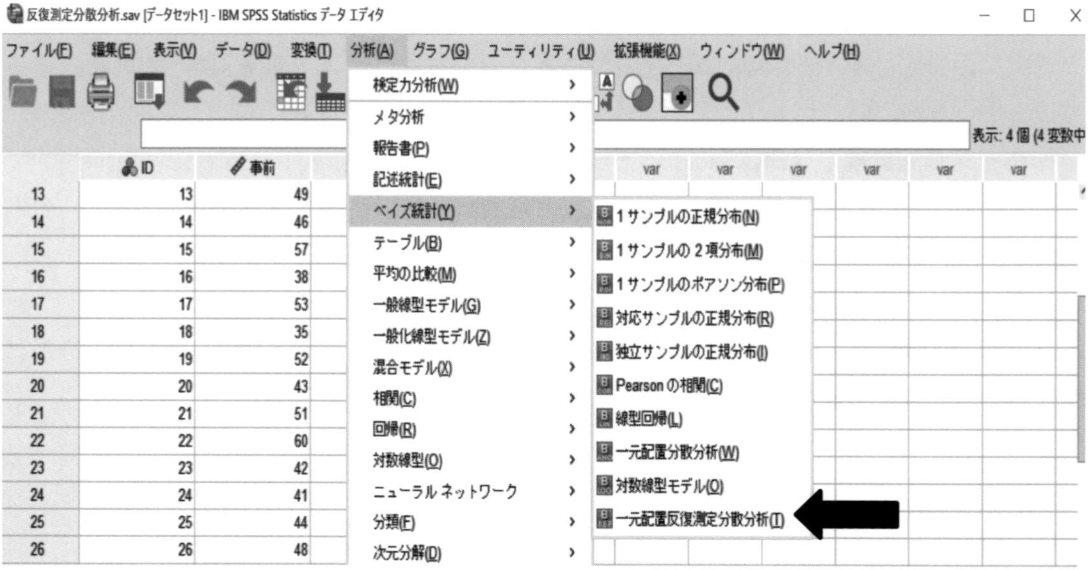

Step2［一元配置反復測定分散分析］のダイアログボックスが表示されます。

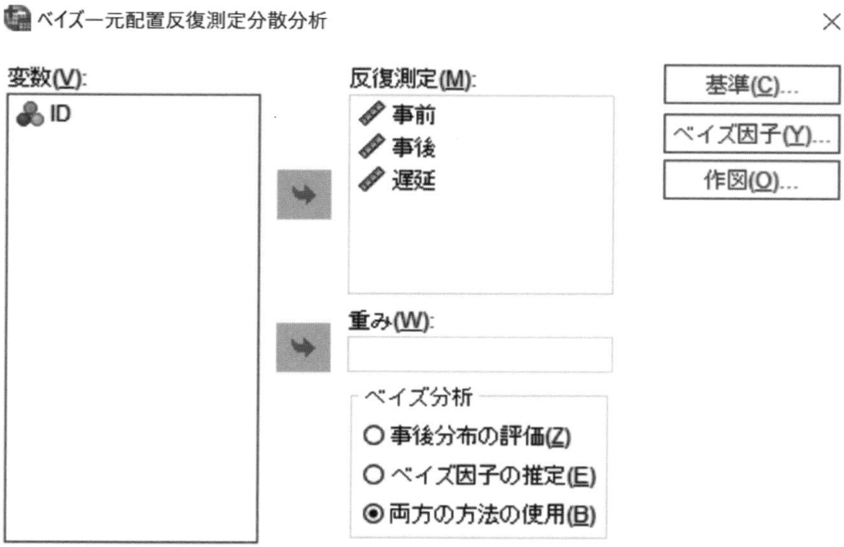

● 左側の変数リストから分散分析で平均値を比較する［事前］、［事後］、［遅延］を選択し、で［反復測定］に投入します。

● 事後分布とベイズ因子の両方を求めるために、［ベイズ分析］にて［両方の方法の使用］を選択します。

Step3 ベイズ因子の算出方法を変更する場合には、［ベイズ因子］を選びます。

今回はデフォルトであるベイズ情報量規準（BIC）による方法にてベイズ因子を算出します。Rouder の混合計画による方法にてベイズ因子を算出する場合にはそちらを選択します。

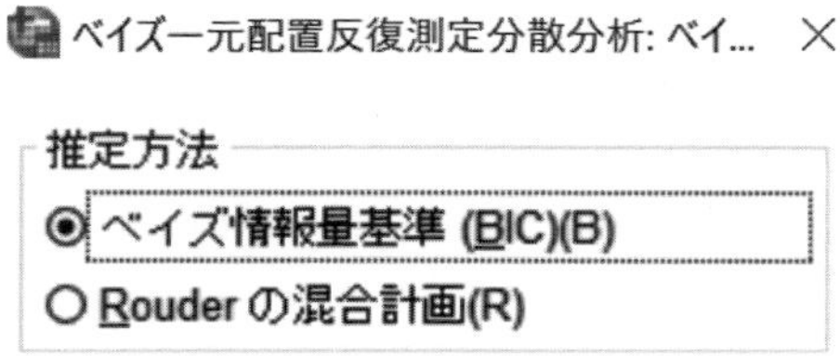

Step4 事後分布に関するプロットを出力するために、[作図] を選びます。

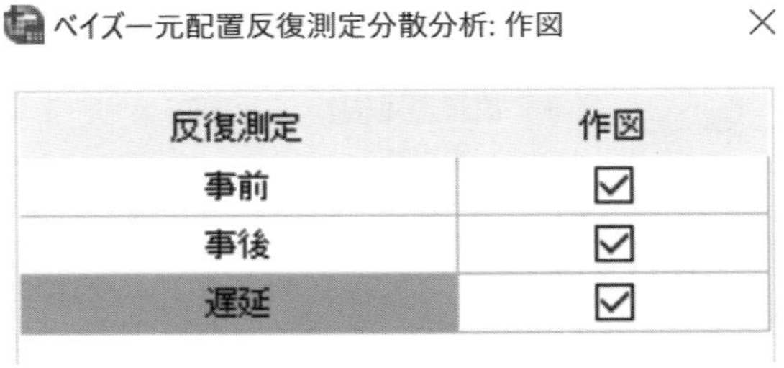

- 事前、事後、遅延のテスト点の母平均の事後分布に関するプロットを出力するために、それぞれにチェックをつけます。

Step5 信用区間や数値的な方法を変更する場合には、[基準] を選びます。

今回はデフォルトのまま分析を進めますが、信用区間を 99% に変更する場合や、数値的な方法でのモンテカルロサンプル数などを変更する場合には、それぞれの数値を変更します。

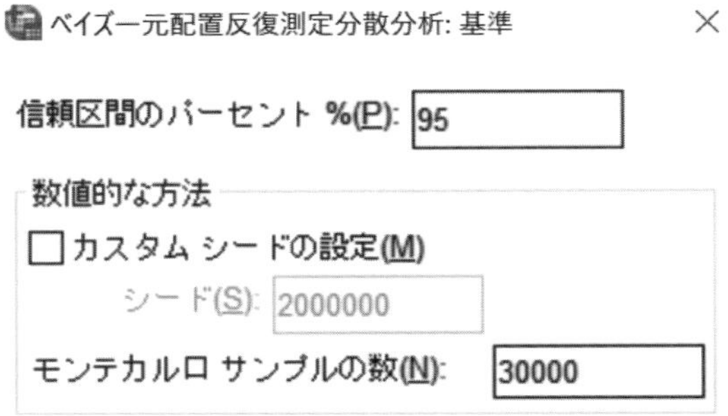

- カスタムシードの設定では、乱数発生のためのシード値を変更できます。SPSS のデフォルトではランダムな値が設定されています。なお、シード値は 1 から 2147483647 の範囲で変更できます。
- モンテカルロサンプルの数では、モンテカルロ近似法で使用するサンプルの数を変更できます。デフォルトは 30000 であり、10^3 から 10^6 の範囲で変更できます。

Step6 最後に [OK] を押すと結果が出力されます。

11.2.2　SPSSによる反復測定分散分析の結果確認

Step1　各水準の記述統計量を［被験者内因子レベルの記述統計量］にて確認します。

被験者内因子レベルの記述統計量

従属変数	平均値	標準偏差	N	最小値	最大値
事前	46.00	13.668	30	23	80
事後	58.73	16.974	30	31	100
遅延	58.23	16.841	30	31	99

- N はそれぞれのテストを受けた人数を表しています。

Step2　ベイズ因子と球面性の仮定を［ベイズ因子および球面性検定］にて確認します。

ベイズ因子および球面性検定

		Mauchly の球面性検定			
	ベイズ因子[a]	Mauchly の W[b]	近似カイ 2 乗	自由度	有意
被験者内効果	3.418E+26	.855	4.385	2	.112

a. 方法: BIC 近似。検定モデル 対 帰無仮説モデル。

b. Mauchly の検定では、等間隔の多項式対比を使用し、正規直交した変換従属変数の誤差共分散行列が単位行列に比例するという帰無仮説を検定します。

- ベイズ因子は $BF_{10}=3.418\mathrm{E}+26=3.418\times10^{26}$ という結果が得られました。$BF_{10}=3.418\times10^{26}$ は「帰無仮説に対して対立仮説は約 3.418×10^{26} 倍もっともらしい」ことを意味しています。そして、ベイズ因子は100より大きい値であるので、「対立仮説に対する最高レベルの証拠」が得られたと解釈します。
- Mauchly の W、近似カイ２乗、自由度、有意は Mauchly の球面性検定を行った結果です。有意は p 値を表しています。今回の場合、$p=.112$ と慣例である有意水準５％を満たしていないため、球面性の仮定は満たしていると判断します。

Step3 母平均の事後分布を［グループ平均のベイズ推定値］にて確認します。

グループの平均のベイズ推定値[a]

従属変数	事後分布			95% 信用区間	
	最頻値	平均値	分散	下限	上限
事前	46.00	46.00	8.148	40.41	51.59
事後	58.73	58.73	8.148	53.14	64.33
遅延	58.23	58.23	8.148	52.64	63.83

a. 事後分布はベイズ中心極限定理に基づいて推定されました。

- 事前、事後、遅延のテスト点について、母平均の事後分布が出力されます。例えば、事前の母平均の事後分布について、最頻値は MAP＝46.00、平均値は EAP＝46.00、分散は 8.148、95% 信用区間は 40.41 から 51.59 という結果が得られました。
- 事前、事後、遅延のテスト点の母平均の大小を比較するために、95% 信用区間が重なっているかどうかを確認します。95% 信用区間が重なっていない場合には、その時点間でテスト点の母平均に差があると考えます。今回の場合、事前と事後、事前と遅延の母平均の 95% 信用区間は重なっていないため、これらの母平均には差がある、つまり事前のテスト点の平均は事後と遅延よりも低いと考えます。また、事後と遅延の母平均の 95% 信用区間は重なっているため、この２つには母平均に差がないと考えます。以上から、事前から事後にかけてテスト点の平均が高くなり、そのテスト点の高さは事後から遅延にかけて維持されるといえます。

Step4 母平均の事後分布を図で確認します。

母平均の事後分布について、その尤度が出力されます。母平均の事後分布を視覚的に確認したい場合に参照するとよいでしょう。なお、これまでの分析と異なり、対数尤度関数や事前分布の図は出力されませんので、注意してください。

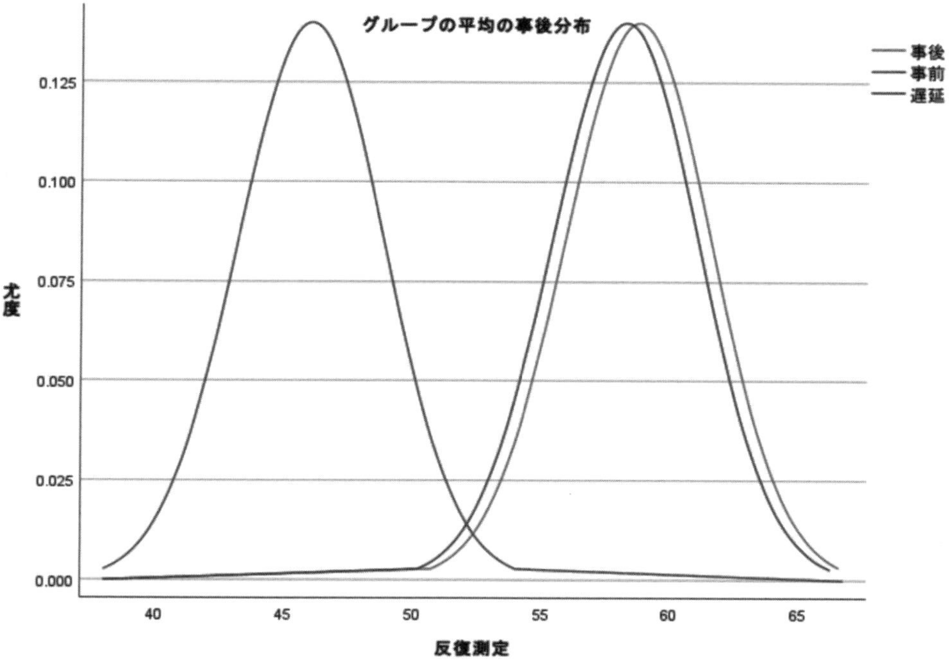

11.3 反復測定分散分析の結果報告

本章の最後に、得られた反復測定分散分析の結果をどのようにレポートや論文で報告するとよいかについて説明します。

ベイズ法により反復測定分散分析を行った場合には、

- 用いたデータの概要（標本サイズ、標本の平均と標準偏差はマストです）
- 帰無仮説と対立仮説
- 用いたベイズ因子の推定方法と数値的方法
  - ▶ 数値的方法はこれまでの分析と異なり、モンテカルロ近似法となります。この場合には、モンテカルロ近似法で用いたサンプルの数も明記しましょう。
- ベイズ因子とその評価
- 母平均の事後分布の最頻値、平均値、信用区間、分散を報告するとよいでしょう。

報告例

30人の生徒があるプログラムを受ける前（事前）、受けた直後（事後）、受けた1ヶ月後（遅延）のテストの得点について、平均点（M）と標準偏差（SD）を表に記す。

	M	*SD*
事前	46.00	13.67
事後	58.73	16.97
遅延	58.23	16.84

時点間の平均点の差異を検討するために、帰無仮説を「事前、事後、遅延でテスト点の母平均が等しい」、対立仮説を「事前、事後、遅延でテスト点の母平均が等しくない」とした反復測定分散分析を行った。ベイズ因子の推定にはSPSSのデフォルトであるベイズ情報量規準（BIC）による方法を用いた。そして、事後分布の推定にはSPSSのデフォルトであるモンテカルロ近似法（サンプル数30000）を用いた。

その結果、帰無仮説に対する対立仮説のベイズ因子は$BF_{10} = 3.42 \times 10^{26}$であったため、対立仮説に対する最高レベルの証拠が得られた。また、各時点でのテスト点について、母平均の事後分布を表に記す。

	MAP	EAP	95% 信用区間	分散
事前	46.00	46.00	[40.41, 51.59]	8.15
事後	58.73	58.73	[53.14, 64.33]	8.15
遅延	58.23	58.23	[52.64, 63.83]	8.15

事前と事後、事前と遅延のテスト点について、母平均の事後分布の95%信用区間が重なっていなかった。そのため、事前のテスト点の平均は事後と遅延より低かったことが示された。

11章のまとめ

■反復測定分散分析

- 同じ個体から複数回反復して得られたデータの母平均の差を検討する方法です。
- 帰無仮説：全ての標本間で母平均が等しい
- 対立仮説：ある標本間で母平均が等しくない
- 水準間の差の分散が等しいのか、つまり球面性の仮定が満たされているのかを確認する必要があります。
- 球面性の仮定を確認する方法として、Mauchly の球面性検定があります。この検定の帰無仮説は「水準間の差の分散が等しい」であり、棄却されないことが望ましいです。

■ベイズ法による反復測定分散分析

- SPSS では分析者が事前分布を設定せずに、事後分布はベイズ中心極限定理に基づいた多変量正規分布への近似から求められます。
- ベイズ因子の算出方法として、ベイズ情報量規準（BIC）による方法と Rouder の混合計画に基づく方法があります。基本的には、SPSS のデフォルトであるベイズ情報量規準（BIC）による方法を用いるとよいでしょう。

第12章

無相関検定

２つの量的なデータの直線的な関係を検討する「無相関検定」について学習します。

キーワード：相関係数、散布図、無相関検定

12.1　相関係数

12.1.1　相関

相関とは、２つの量的なデータの直線的な関係のことです。相関は、「**正の相関**」、「**負の相関**」、「**無相関**」の３種類に分けられます。それぞれの定義は次のようになります。

- 正の相関：xが大きい（小さい）ほど、yは直線的に大きい（小さい）。
  （例）勉強時間が長い（短い）ほど、テストの得点が高く（低く）なる。
- 負の相関：xが大きい（小さい）ほど、yは直線的に小さい（大きい）。
  （例）最高気温が高い（低い）ほど、おでんの売上が低く（高く）なる。
- 無相関：xとyに直線的な関係は認められない。
  （例）最高気温と俳優Ａの映画の出演本数は直線的な関係にない。

この相関関係を直感的に捉える方法として、**散布図**を用いる方法があります。散布図とは、２つのデータの組を座標とする点をプロットしたグラフです。相関関係と散布図を対応づけると、次のようになります。

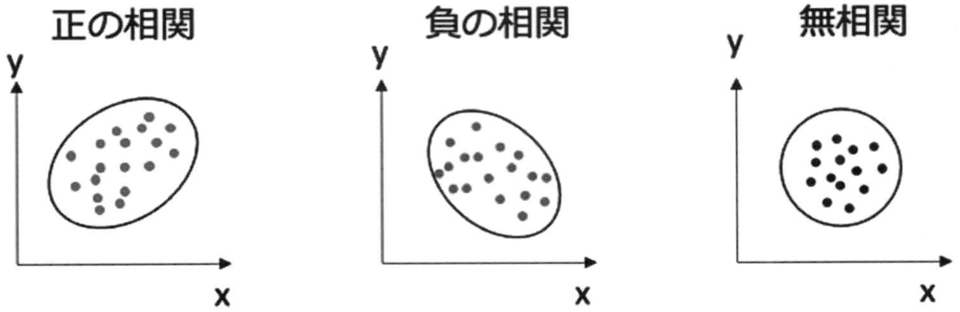

正の相関、つまり「xが大きいほど、yは直線的に大きい」場合には、左図のように右肩上がりの散布図となります。一方、負の相関、つまり「xが大きいほど、yは直線的に小さい」場合には、真ん中の図のように右肩下がりの散布図となります。また、無相関、つまり「xとyに直線的な関係が認められない」場合には、右図のようにxとyがバラバラにプロットされた散布図となります。

なお、性別と好きなケーキの種類のように、2つの質的なデータの関係のことを「**連関**」といいます。連関関係を直感的に捉える方法として、**分割表（クロス集計表）**を用いる方法があります。クロス集計とは、あるデータの回答を別のデータの回答ごとに集計する方法です。

性別＼ケーキ	ショートケーキ	チーズケーキ	ザッハトルテ	抹茶ケーキ
男性	20	15	30	35
女性	25	25	35	15

12.1.2　相関係数

相関関係は散布図により直感的かつ視覚的に把握するだけではなく、２つの量的データの平均をもとに算出された「**相関係数**」という指標によって数的に把握します。以下では、相関係数の算出方法と特徴の順に説明していきます。

x と y の２つのデータの組 (x_i, y_i) $(i = 1, 2, \cdots, n)$ について、x と y それぞれの平均を $\bar{x}, \bar{y}$ として、以下のグラフに記します。すると、$\bar{x}, \bar{y}$ によってグラフをⅠからⅣに分割できます。

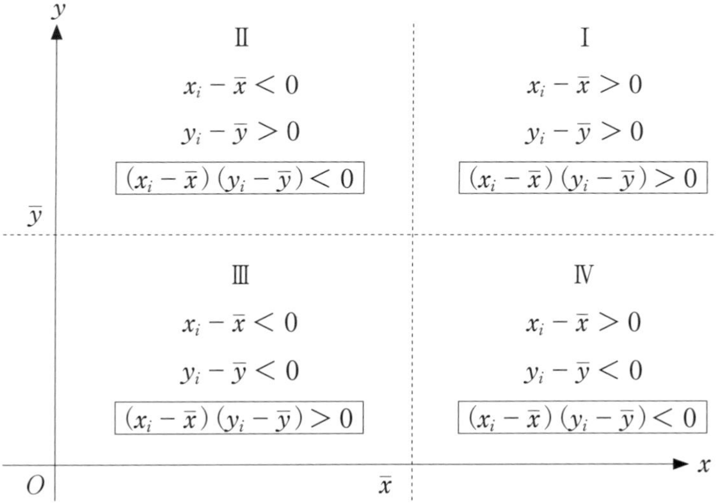

ⅠからⅣには、x と y それぞれの平均からのずれである「偏差」$x_i - \bar{x}, y_i - \bar{y}$ の符号と、x と y の偏差の積（偏差積）$(x_i - \bar{x})(y_i - \bar{y})$ の符号を記しました。このグラフから、偏差積について次のことが成り立つことがわかります。

- データの組 (x_i, y_i) がⅠまたはⅢに属するとき、偏差積 $(x_i - \bar{x})(y_i - \bar{y}) > 0$
- データの組 (x_i, y_i) がⅡまたはⅣに属するとき、偏差積 $(x_i - \bar{x})(y_i - \bar{y}) < 0$

この偏差積と相関関係には密接な関係があります。x と y が正の相関の場合には、右肩上がりの散布図になるので、ⅠとⅢに多くの点が集まります。他方、x と y が負の相関の場合には、右肩下がりの散布図になるので、ⅡとⅣに多くの点が集まります。また、x と y が無相関の場合には、ⅠからⅣに満遍なく点がプロットされます。つまり、偏差積の正負と相関関係の正負は一致します。そこで、データ全体の傾向を把握するために偏差積の平均をとり、この値によって相関関係を判断します。この偏差積の平均のことを**共分散**といい、

$$s_{xy}=\frac{1}{n}\sum_{i=1}^{n}(x_i-\overline{x})(y_i-\overline{y}) \tag{1}$$

と表します。そして、共分散 s_{xy} が正の場合は正の相関、負の場合には負の相関、0に近い値の場合には無相関となります。

ただし、共分散 s_{xy} の値はデータの測定単位や散らばり具合に影響を受けるというデメリットがあります。そこで、共分散 s_{xy} を x と y それぞれの標準偏差 s_x, s_y で割った値を**ピアソンの相関係数**（以下、相関係数）といい、

$$r=\frac{s_{xy}}{s_x s_y}=\frac{\frac{1}{n}\sum_{i=1}^{n}(x_i-\overline{x})(y_i-\overline{y})}{\sqrt{\frac{1}{n}\sum_{i=1}^{n}(x_i-\overline{x})^2}\sqrt{\frac{1}{n}\sum_{i=1}^{n}(y_i-\overline{y})^2}}=\frac{\sum_{i=1}^{n}(x_i-\overline{x})(y_i-\overline{y})}{\sqrt{\sum_{i=1}^{n}(x_i-\overline{x})^2}\sqrt{\sum_{i=1}^{n}(y_i-\overline{y})^2}} \tag{2}$$

と表します。

相関係数 r の代表的な性質と統計学における目安は次の通りです。

- $-1 \leq r \leq 1$
- r の絶対値は直線的な相関関係であるかを示す。
  - ▶ r の絶対値が1：2つのデータが完全な直線関係
  - ▶ r の絶対値が0：2つのデータが直線関係にない（無相関）
- r の符号は正・負の相関であるかを示す。
  - ▶ r の値が正：正の相関
  - ▶ r の値が負：負の相関

目安	rの大きさ
強い相関	±0.7〜±1.0
中程度の相関	±0.4〜±0.7
弱い相関	±0.2〜±1.0
ほぼ相関なし	0〜±0.2

また、散布図と相関係数を対応づけると、正負いずれかの相関が強いと直線関係に近づくことがうかがえます。

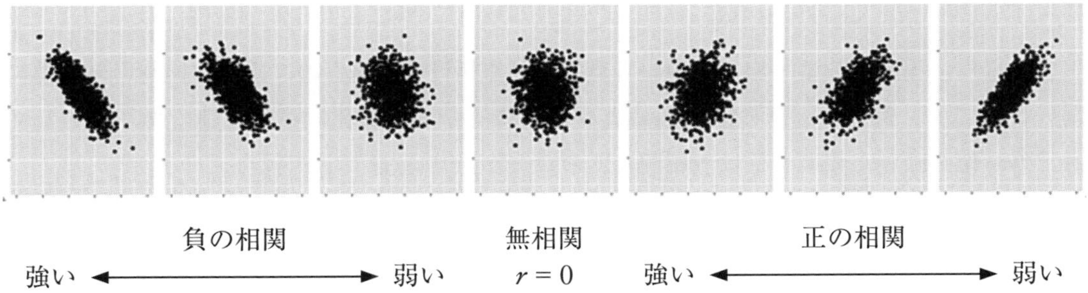

12.1.3 相関係数の注意点

相関係数について、注意すべきことが大きく4つあります。1つ目は、たとえ相関係数の値が大きいからといって、2つのデータの間に因果関係があるとは必ずしも言えないことです。**因果関係**とは「xが大きいから、yも大きい」のように一方（原因）が他方（結果）の関数となる関係です。相関関係が認められようと、それは2つのデータに直線的な関係があることを示すに過ぎず、一方（原因）が他方（結果）の関数となることを示すものではないのです。

２つ目は、相関係数は曲線的な関係や複合的な関係を表すことはできないことです。例えば、下の散布図のように全体的な相関関係は無相関であったとしても、実は負の相関の層（図中の上）と負の相関の層（図中の下）が混在しているということがありえます。

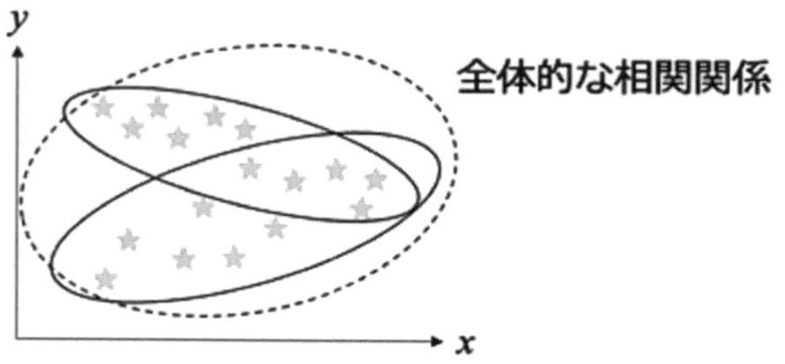

３つ目は、相関係数は平均に基づいて算出された指標であるため、平均と同様に外れ値に弱いことです。例えば、下の散布図のように全体的な相関関係は正の相関であったとしても、外れ値を除いた相関関係は無相関であることがありえます。

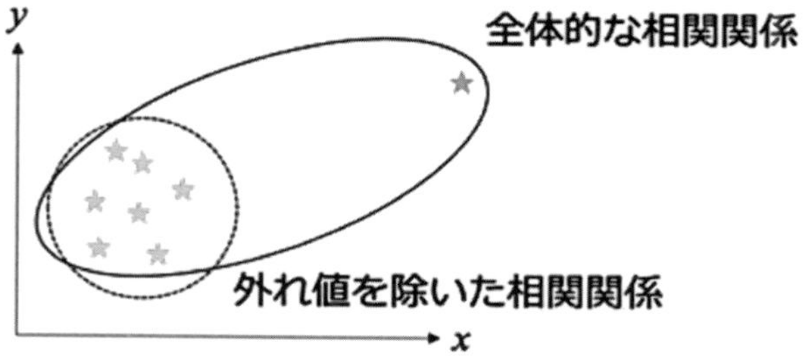

４つ目は、ピアソンの相関係数は間隔データと比率データのときにのみ算出できることです。順序データと名義データの場合には、ピアソンの相関係数は基本的に算出することができません。そのため、順序データのときにはスピアマンの相関係数、名義データの場合にはクラメルの連関係数を算出してください。

12.2 無相関検定

12.2.1 無相関検定の帰無仮説と対立仮説

無相関検定とは相関係数が0であるか否か、つまり相関関係が無相関であるか否かを検討する方法です。無相関検定では、xとyの母相関係数ρについて、帰無仮説を「母相関係数は0である（H_0：$\rho=0$）」、対立仮説を「母相関係数は0でない（H_1：$\rho\neq0$）」とします。また、無相関検定では分散分析と同様に、片側検定は検討しないことにも注意してください。

- 帰無仮説 H_0：$\rho=0$；母相関係数は0である（無相関である）
- 対立仮説 H_1：$\rho\neq0$；母相関係数は0でない（無相関でない）

12.2.2 ベイズ法による無相関検定

xとyの母相関係数ρについて求める母数がρですので、事後分布は、

$$f(\rho|x,y)=\frac{f(x,y|\rho)f(\rho)}{f(x,y)} \tag{3}$$

ベイズ因子は

$$B_{01}=\frac{f(x,y|H_0)}{f(x,y|H_1)}=\frac{f(x,y|\rho=0)}{f(x,y|\rho\neq0)} \tag{4}$$

となります。

式(3)から、母相関係数ρの事後分布を求めるために、母相関係数ρの事前分布$f(\rho)$を決める必要があります。SPSSでは母相関係数ρの事前分布$f(\rho)$について、

$$f(\rho)\propto(1-\rho^2)^c \tag{5}$$

における c の値を設定することで、事前分布を決めることができます。SPSSでは、c の値の設定について、次の３つ方法があります。

(1) 一様分布（c = 0）

SPSS のデフォルトの方法です。$p(\rho) \propto 1$、つまり事前情報のない一様事前分布となります。

(2) Jeffreys（c = −1.5）

Jeffreys による方法で、無情報事前分布となります。

(3) 事前情報に応じて c の値（任意の実数）を設定する。

利用できる事前情報がない場合には、SPSS のデフォルトである一様分布（$c = 0$）のまま分析するとよいでしょう。利用できる事前情報がある場合には、その情報に合わせて c の値を設定しましょう。

また、SPSS による無相関検定では、ベイズ因子の算出方法として次の方法を選択できます。

(1) JZS ベイズ因子

SPSS のデフォルトの方法です。Zellner-Siow の方法といいます。

(2) 割合のベイズ因子（Fractional Bayes Factor）

事前分布を無情報事前分布とデータの尤度の割合から更新されるものとし、データの尤度の割合を定めることで、ベイズ因子を算出する方法です。データの尤度の割合は０から１の値をとり、デフォルトの値は 0.5 になっています。

基本的には SPSS のデフォルトである(1) Zellner-Siow の方法、事前に活用できる情報などがある場合には(2)割合のベイズ因子の方法を用いるとよいでしょう。

12.3 SPSS による無相関検定

12.3.1 SPSS による無相関検定

今回は［無相関検定 .sav］というデータを利用します。このデータは課題 A、B、C を遂行するのにかかった時間（秒）を表したものです。課題 A、B、C の遂行時間にどのような相関関係が認められるのかを無相関検定により検討します。

今回の場合、帰無仮説と対立仮説は次のようになります。

- 帰無仮説：２つの課題間の母相関係数は０である。
- 対立仮説：２つの課題間の母相関係数は０でない。

Step1　メニューバーから［分析］＞［ベイズ統計］＞［Pearson の相関］を選びます。

Step2　［Pearson の相関］のダイアログボックスが表示されます。

- 左側の変数リストから無相関検定を行う［A］、［B］、［C］を選択し、 で［検定変数］に投入します。
- 事後分布とベイズ因子の両方を求めるために、［ベイズ分析］にて［両方の方法の使用］を選択します。

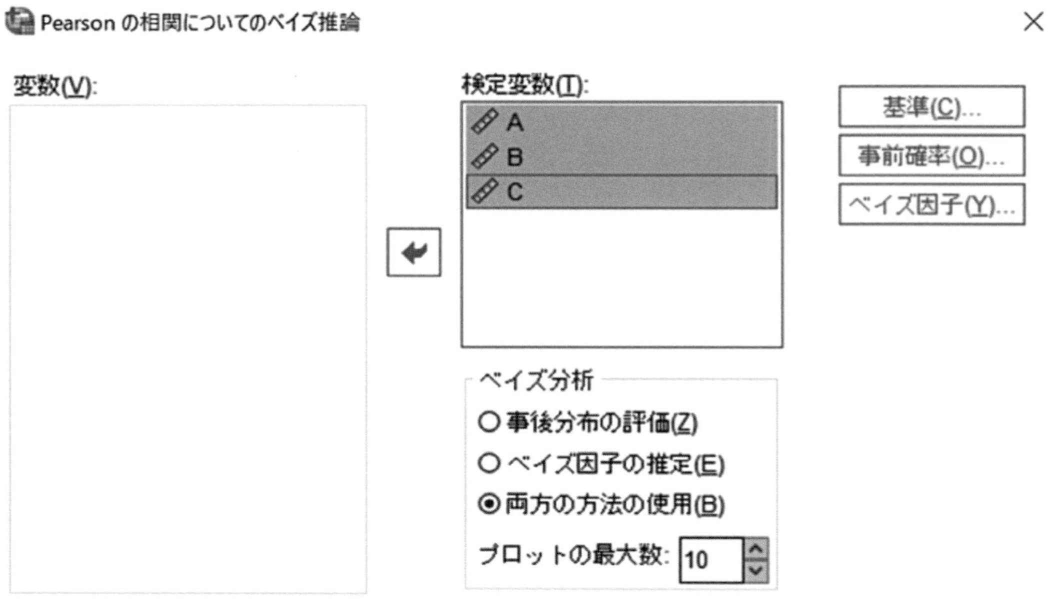

Step3　事前分布を変更する場合には、［事前確率］を選びます。

今回はデフォルトである一様分布のまま分析を進めますが、事前情報がある場合には［カスタム c 値の設定］を選択し、*c* の値を指定してください。

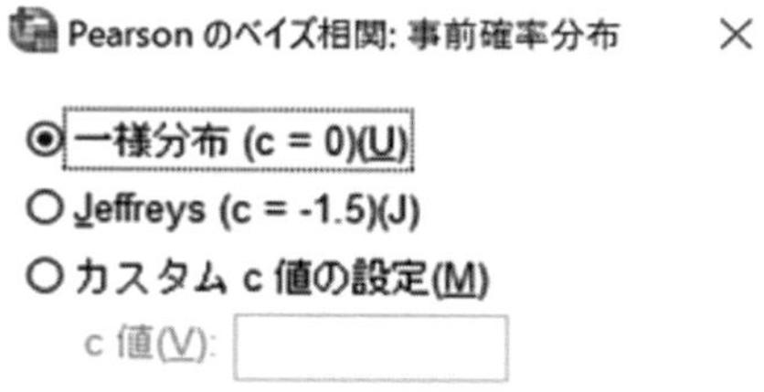

Step4　ベイズ因子の算出方法を変更する場合には、［ベイズ因子］を選びます。

今回はデフォルトである JZS のベイズ因子にてベイズ因子を算出しますが、割合のベイズ因子にてベイズ因子を算出する場合には、割合 b と帰無仮説で用いる母相関係数の値を用います。例えば、帰無仮説を$\rho = 0$ではなく$\rho = 0.2$としたい場合には、帰無仮説値を 0.2 に変更してください。

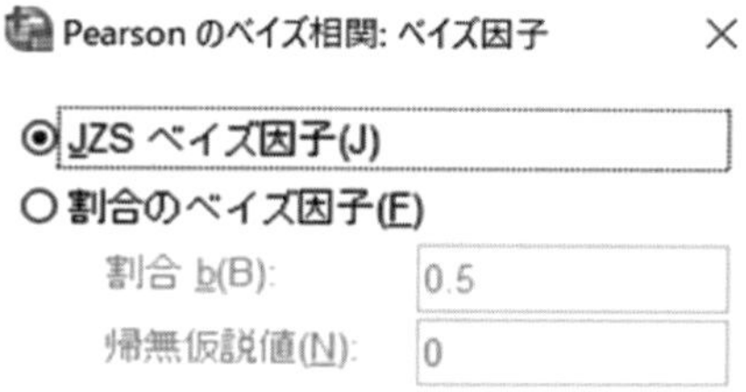

Step5　信用区間や数値的な方法を変更する場合には、［基準］を選びます。

今回はデフォルトのまま分析を進めますが、信用区間を 99% に変更する場合や、数値的な方法でのモンテカルロサンプル数などを変更する場合には、それぞれの数値を入力します。

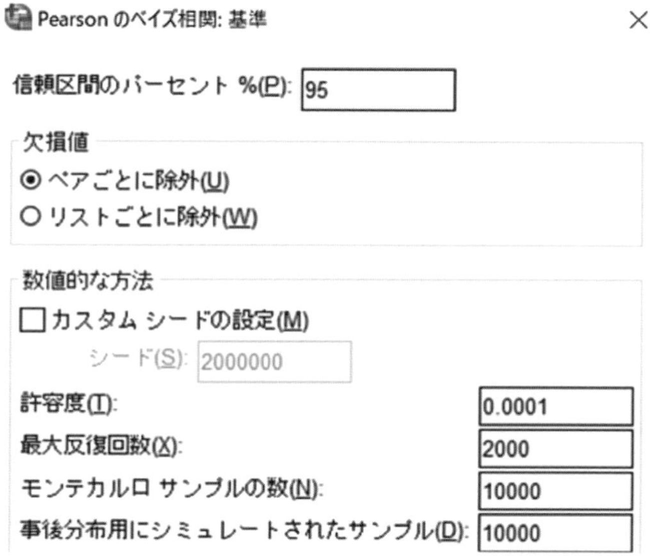

Step6　最後に［OK］を押すと結果が出力されます。

12.3.2　SPSS による無相関検定の結果確認

Step1　ベイズ因子を［ペアごとの相関係数についてのベイズ因子推論］にて確認します。それぞれの母相関係数に関するベイズ因子が行列の形で記されています。

ペアごとの相関係数についてのベイズ因子推論[a]

		A	B	C
A	Pearson の相関	1	.757	.431
	ベイズ因子		.000	.017
	N	65	65	65
B	Pearson の相関	.757	1	.064
	ベイズ因子	.000		9.035
	N	65	65	65
C	Pearson の相関	.431	.064	1
	ベイズ因子	.017	9.035	
	N	65	65	65

a. ベイズ因子: 帰無仮説 対 対立仮説。

- 黒実線で囲まれた箇所は、A と B の母相関係数のベイズ因子に関する結果を表しています。A と B の相関係数は $r = .757$、そのベイズ因子は $BF_{01} = .000$ という結果が得られました。$BF_{01} = .000$ は「対立仮説に対して帰無仮説は約 0.000 倍もっともらしい」ことを意味しています。ベイズ因子は 1/100 より小さいので、「対立仮説に対する最高レベルの証拠」が得られたと解釈します。
- 黒破線で囲まれた箇所を見ると、B と C の相関係数は $r = .064$、そのベイズ因子は $BF_{01} = 9.035$ という結果が得られました。$BF_{01} = 9.035$ は「対立仮説に対して帰無仮説は約 9.035 倍もっともらしい」ことを意味しています。ベイズ因子は 3 から 10 の値をとるので、「帰無仮説に対する強い証拠」が得られたと解釈します。

Step2　母相関係数の事後分布を［ペアごとの相関係数の事後分布評価］にて確認します。

ペアごとの相関係数の事後分布評価[a]

			A	B	C
A	事後分布	最頻値		.755	.428
		平均値		.739	.410
		分散		.003	.010
	95% 信用区間	下限		.629	.210
		上限		.844	.603
	N		65	65	65
B	事後分布	最頻値	.755		.063
		平均値	.739		.060
		分散	.003		.015
	95% 信用区間	下限	.629		-.175
		上限	.844		.292
	N		65	65	65
C	事後分布	最頻値	.428	.063	
		平均値	.410	.060	
		分散	.010	.015	
	95% 信用区間	下限	.210	-.175	
		上限	.603	.292	
	N		65	65	65

a. 分析で、参照事前確率を仮定します (c = 0)。

- 黒実線で囲まれた箇所は、A と B の母相関係数に関する結果を表しています。A と B の母相関係数の事後分布は、最頻値は MAP = .755、平均値は EAP = .739、分散は .003、95% 信用区間は .629 から .844 という結果が得られました。
- 母相関係数の大小を比較する場合には、95% 信用区間が重なっているかどうかを確認します。95% 信用区間が重なっていない場合には、母相関係数には差があると判断します。今回の場合、いずれの母相関係数の 95% 信用区間も重なっておらず、A − B、A − C、B − C の順に相関係数が大きいと解釈できます。

Step3　母相関係数の対数尤度、事前分布、事後分布を図で確認します。

対数尤度関数の結果が出力されますが、尤度関数の対数をとっただけなのでその本質が変わるということではありません。それゆえ、とくに気にせず結果を確認してください。

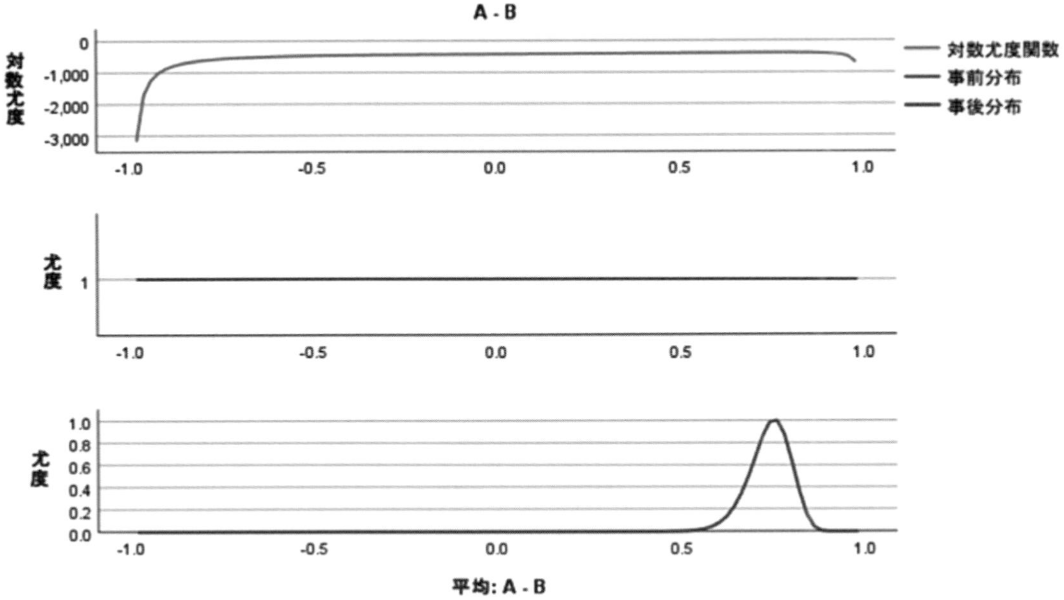

12.4　無相関検定の結果報告

本章の最後に、得られた無相関検定の結果をどのようにレポートや論文で報告するとよいかについて説明します。

ベイズ法により無相関検定を行った場合には、

- 用いたデータの概要（標本サイズはマストです）
- 帰無仮説と対立仮説
- 用いた事前分布と数値的方法

- ベイズ因子とその評価
- 母相関係数の事後分布の最頻値、平均値、信用区間、分散（表で記すとよいです）
- 母相関係数の強さの解釈（先行研究や統計学の目安を参考にするとよいです）

を報告するとよいでしょう。

報告例

65人を対象に課題A、B、Cの遂行にかかった時間（秒）を測定した。それぞれの課題遂行にかかった時間の相関関係を検討するために、帰無仮説を「２つの課題間の母相関係数は0である」、対立仮説を「２つの課題間の母相関係数は0でない」とした無相関検定を行った。事前分布にはSPSSのデフォルトであり、無情報事前分布である一様分布を用いた。事後分布の推定にはSPSSのデフォルトであるモンテカルロ近似法（許容度0.0001、最大反復関数2000、サンプル数20000）を用いた。ベイズ因子の推定にはSPSSのデフォルトであるZellner-Siowの方法を用いた。母相関係数の事後分布とベイズ因子 BF_{01} を表に記す。

		A	B
B	MAP	.76	
	EAP	.74	
	95% 信用区間	[.63, .84]	
	分散	0.00	
	BF_{01}	0.00	
C	MAP	.43	.06
	EAP	.41	.06
	95% 信用区間	[.21, .60]	[−.18, .29]
	分散	0.01	0.02
	BF_{01}	0.02	9.04

その結果、A－B間では強い正の相関、A－C間では中程度の正の相関、B－C間ではほぼ相関なしであった。さらに、95%信用区間が重なっていないため、A－B、A－C、B－Cの順に相関係数が大きいことが示された。

12章のまとめ

■相関関係

- 2つの量的なデータの直線的な関係のことです。
  - ▶ 正の相関：xが大きい（小さい）ほど、yは直線的に大きい（小さい）。
  - ▶ 負の相関：xが大きい（小さい）ほど、yは直線的に小さい（大きい）。
  - ▶ 無相関：xとyに直線的な関係は認められない。

■相関係数 r の性質

- $-1 \leq r \leq 1$
- rの絶対値は直線的な相関関係であるかを示します。
  - ▶ rの絶対値が1：2つのデータが完全な直線関係
  - ▶ rの絶対値が0：2つのデータが直線関係にない（無相関）
- rの符号は正・負の相関であるかを示します。
  - ▶ rの値が正：正の相関
  - ▶ rの値が負：負の相関

■無相関検定

- 帰無仮説：母相関係数は0である（無相関である）
- 対立仮説：母相関係数は0でない（無相関でない）

■ベイズ法による無相関検定

- 母相関係数の事前分布には様々なものがあります。無情報事前分布を用いる場合には、SPSSのデフォルトである一様分布を用いるとよいです。
- ベイズ因子の算出方法として、Zellner-Siowの方法、割合のベイズ因子による方法があります。事前情報がない場合には、SPSSのデフォルトであるZellner-Siowの方法を用いるとよいです。

第13章

回帰分析

ある変数から他の変数を予測あるいは説明する手法である「回帰分析」について学習します。

キーワード：単(重)回帰分析、独立変数、従属変数、(偏)回帰係数、(自由度調整済み)決定係数

13.1　回帰分析

13.1.1　回帰分析

回帰分析とは、12 章で取り上げた相関係数を用いて、ある変数から他の変数を予測する、あるいは説明する分析のことです。例えば、次のような場面で回帰分析が行われます。

- 1日のおでんの売上を最高気温から予測する。
- アパートの家賃を占有面積と築年数から予測する。

回帰分析では予測や説明するのに用いる変数のことを「**独立変数**」や「**説明変数**」といい、予測や説明される変数を「**従属変数**」や「**被説明変数**」といいます。前者の例について、独立変数は最高気温、従属変数はアイスクリームの売上となります。後者の例について、独立変数は占有面積と築年数、従属変数はアパートの家賃となります。

この独立変数と従属変数という考え方は、分散分析などの平均値の差の検定でも用います。平均値の差の検定では、群や条件の違いがある変数の平均値の差を生み出すと考えることができます。それゆえ、群や条件の違いを独立変数、平均値の差を検討する変数を従属変数と考えることができます。

このような独立変数と従属変数の捉え方から、回帰分析と平均値の差の検定、無相関検定は似ている手法と考えることができますが、得られる結果とその解釈には違いがあります。平均値の差の検定では独立変数の値により従属変数の値に差があるかはわかりますが、その差がどの程度であるかは効果量を参照しないと判断できません。他方で、回帰分析では独立変数により従属変数の値がどの程度になるかを予測あるいは説明することができます。また、無相関検定はあくまで２つの量的なデータの直線的な関係である「相関関係」に焦点を当てているのに対して、回帰分析はある変数が他の変数の関数である「因果関係」に焦点を当てています（ただし、回帰分析をしたからといって、「因果関係」を解明できるわけではありません）。

13.1.2 単回帰分析

回帰分析は独立変数の数によって、その名称と結果の解釈が異なります。独立変数が１つの場合を「**単回帰分析**」、２つ以上の場合を「**重回帰分析**」といいます。先の例だと前者は単回帰分析、後者は重回帰分析となります。ここでは、まず単回帰分析について説明します。

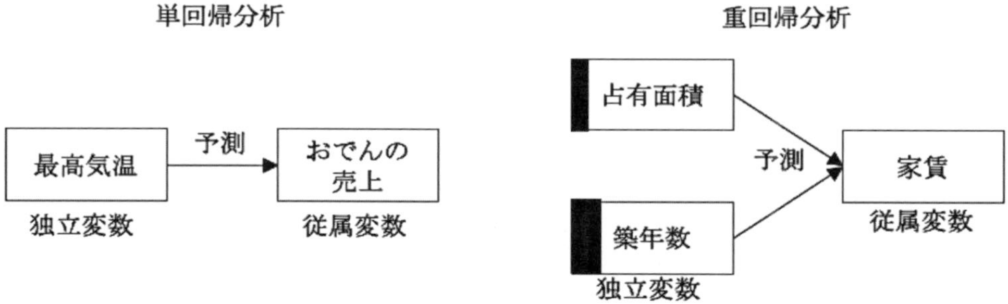

単回帰分析では、独立変数 x と従属変数 y に直線（線形）の関係が想定される場合、

$$y_i = a + bx_i + e_i \tag{1}$$

という単回帰モデルで２変数の関係を表します。このモデルにある a を「**切片**」、b を「**回帰係数**」、e_i を「**残差**」と呼びます。それぞれの解釈は次の通りです。

- 切片 a：独立変数が０のときの従属変数の値
- 回帰係数 b：独立変数が１単位変化したときの従属変数の変化量
- 残差 e_i：独立変数では予測できない従属変数の散らばり

単回帰モデルについて、$a+bx_i$ は個々のデータ x_i における従属変数の予測値 $\hat{y}_i$ となります。そのため、単回帰モデルは（従属変数の実測値）＝（従属変数の予測値）＋（残差）、

$$y_i=\hat{y}_i+e_i \tag{2}$$

と表すことができます。この式から、残差は従属変数の実測値と予測値の差、

$$e_i=y_i-\hat{y}_i \tag{3}$$

となることがわかります。以上で説明したことを図でまとめると、次のようになります。

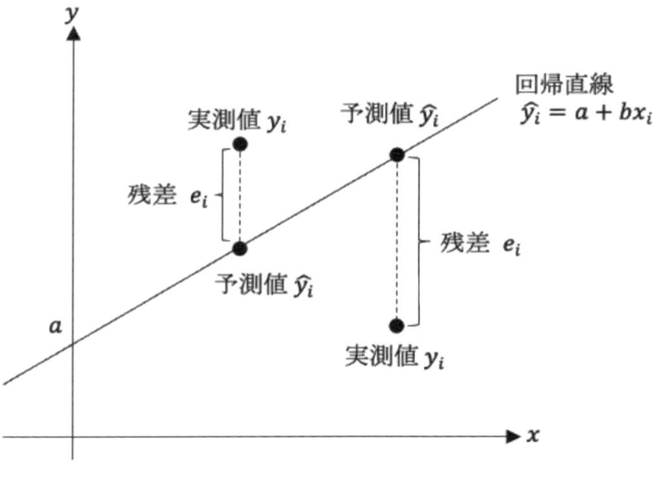

切片と回帰係数の具体的な解釈について説明します。例えば、１日のおでんの売上 y［万円］と最高気温 x［℃］について、単回帰分析を行ったところ、

$$y_i = 30.38 - 1.23\,x_i + e_i \tag{4}$$

が得られたとします。式(4)から、次のことがわかります。

- 切片 30.38 は、「最高気温が 0 ℃であったとき、おでんの売上が 30.38 万円である」ことを意味しています。
- 回帰係数 − 1.23 は「最高気温が 1 ℃高くなると、おでんの売上は 1.23 万円減る」ことを意味しています。
- 例えば、最高気温が 10℃であれば、おでんの売上は 18.08 万円（＝30.38 − 1.23 × 10）と予測できます。

単回帰分析では切片と回帰係数だけではなく、独立変数が従属変数を予測する精度も重要です。この予測精度に関する指標として、「**決定係数（R^2 値）**」があります。決定係数は独立変数が従属変数の散らばりを予測する割合のことで、単回帰モデルの当てはまりのよさを表しています。例えば、先ほどのおでんの売上に関する単回帰モデルにて、決定係数が $R^2 = .69$ であったとすると、「最高気温によって、おでんの売上を 69% 予測できる」ことを意味しています。

では、決定係数とはどのように求めるのでしょうか。決定係数を求めるために、従属変数の予測値 $\hat{y}_i$ の平均は従属変数の平均 $\overline{y}$ と一致する性質から、

$$\sum_{i=1}^{n}(y_i - \overline{y})^2 = \sum_{i=1}^{n}(y_i - \hat{y}_i)^2 + \sum_{i=1}^{n}(\hat{y}_i - \overline{y})^2 = \sum_{i=1}^{n} e_i + \sum_{i=1}^{n}(\hat{y}_i - \overline{y})^2 \tag{5}$$

が成立することを利用します。式(5)の各項は、

- 全体平方和（*Total Sum of Square*：SS_T） $SS_T = \sum_{i=1}^{n}(y_i - \overline{y})^2$

  従属変数の実測値と平均値の散らばり（差の２乗の総和）
- 残差平方和（*Residual Sum of Square*：SS_R） $SS_R = \sum_{i=1}^{n} e_i^2$

  従属変数の実測値と予測値の散らばり（差の２乗の総和）
- 回帰平方和（*Model Sum of Square*：SS_M） $SS_M = \sum_{i=1}^{n}(\hat{y}_i - \overline{y})^2$

従属変数の予測値と平均値の散らばり（差の2乗の総和）

を意味しています。つまり、

$$SS_T = SS_R + SS_M \tag{6}$$

となり、「従属変数の実測値と平均値の散らばりは、実測値と予測値の散らばりと、予測値と平均値の散らばりから構成される」ことを意味しています。この式の左辺と右辺を交換した上で、SS_T で割ると、

$$\frac{SS_R}{SS_T} + \frac{SS_M}{SS_T} = 1 \tag{7}$$

となります。ここで、決定係数 R^2 を

$$R^2 = \frac{SS_M}{SS_T} = 1 - \frac{SS_R}{SS_T} \tag{8}$$

と定義します。つまり、決定係数は「従属変数の実測値と平均値の散らばりのうち、予測値と平均値の散らばりが予測する割合」のことを意味しているのです。

なお、従属変数の実測値と予測値の相関係数 R を「**重相関係数**」といい、この値を2乗すると決定係数となることが知られています。重相関係数の性質は次の通りです。

- $0 \leqq R \leqq 1$
- 1に近づくほど回帰モデルの予測精度が高い。
- 単回帰分析の場合には、独立変数と従属変数の相関係数が重相関係数となる。

13.1.3 重回帰分析

独立変数が2つ以上の回帰分析を重回帰分析といいます。重回帰分析では、独立変数 x_1、…、x_m と従属変数 y に直線（線形）の関係が想定される場合、

$$y_i = a + b_1 x_{i1} + b_2 x_{i2} + \cdots + b_m x_{im} + e_i \tag{9}$$

という重回帰モデルで変数の関係を表します。式(9)にある a を「**切片**」、b を「**偏回帰係数**」、e_i を「**残差**」と呼びます。それぞれの解釈は次の通りです。

- **切片 a**：独立変数が0のときの従属変数の値
- **偏回帰係数 b**：他の独立変数の値を一定にしたときに、その独立変数が1単位変化したときの従属変数の変化量
- **残差 e_i**：独立変数では予測できない従属変数の散らばり

重回帰分析では「回帰係数」ではなく「偏回帰係数」と呼び、その解釈にも注意が必要です。偏回帰係数は「その独立変数から他の独立変数の影響を取り除いた部分」から従属変数を予測するものです。そのため、偏回帰係数は「独立変数が1単位変化したときの従属変数の変化量」と解釈するのではなく、「他の独立変数の値を一定にしたときに、独立変数が1単位変化したときの従属変数の変化量」と解釈します。

偏回帰係数の具体的な解釈について説明します。例えば、アパートの家賃 y［万円］と占有面積 x_1［m^2］と築年数 x_2［年］について、重回帰分析を行ったところ、

$$y_i = 3.05 + 0.15x_{i1} - 0.05x_{i2} + e_i \tag{10}$$

が得られたとします。式(10)から、次のことがわかります。

- 占有面積の偏回帰係数0.15は「築年数を一定にしたとき、占有面積が1 m^2 大きくなると、家賃が0.15万円増える」ことを意味しています。
- 築年数の偏回帰係数−0.05は「占有面積を一定にしたとき、築年数が1年増えると、家賃が0.05万円減る」ことを意味しています。

また、式(10)について図でまとめると、次のようになります。図中の占有面積と築年数の重なりが黒く塗りつぶされていますが、この箇所は「他の独立変数から影響を受ける部分」を表しています。そして、黒く塗りつぶされた以外の部分の占有面積、築年数それぞれから家賃を予測するものが偏回帰係数となります。

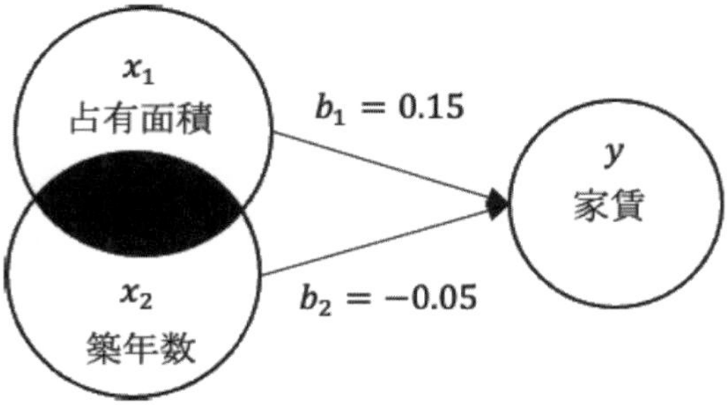

ただし、占有面積と築年数では単位が異なるため、どちらの方が家賃を強く予測するのか定かではありません。そこで、全ての独立変数と従属変数を平均０、標準偏差１に標準化して、全ての変数が単位に依存しないようにします。このときの偏回帰係数を**標準化偏回帰係数**（β）といい、「他の独立変数の値が一定のもと、独立変数が１標準偏差分変化したときに従属変数が何標準偏差分変化したか」を意味しています。そして、標準化偏回帰係数の絶対値が大きいほど、従属変数への影響が大きいと考えます。例えば、先のアパートの家賃について、占有面積の標準化偏回帰係数$\beta_1 = 0.25$、築年数の標準化偏回帰係数$\beta_2 = -0.10$の場合、築年数よりも占有面積の方がアパートの家賃を強く予測すると解釈します。

また、重回帰分析においても独立変数が従属変数を予測する精度も重要であるため、その指標として単回帰分析での決定係数を改良した「**自由度調整済み決定係数**」（adjusted R^2：adj.R^2）を用います。なぜなら、決定係数には予測に役立たない独立変数であったとしても、独立変数の数が増えるとその値が大きくなるという性質があるためです。複数個の独立変数を用いる重回帰分析では、独立変数の数が増えるほど決定係数が大きくなってしまうため、独立変数の数を考慮した決定係数である自由度調整済み決定係数を用いるのです。自由度調整済み決定係数は、サンプルサイズをn、独立変数の数をkとしたとき、

$$adj.R^2 = 1 - \frac{SS_R/(n-k-1)}{SS_T/(n-1)} \tag{11}$$

と定義されます。

13.1.4 回帰分析の帰無仮説と対立仮説

回帰分析では、2つの帰無仮説「すべての（偏）回帰係数が0である（H_0: $\beta_1=\beta_2=\cdots=\beta_m$）」と「当該の（偏）回帰係数が0である」を設定します。そして、それぞれの対立仮説は「ある偏回帰係数が0でない」と「当該の（偏）回帰係数が0でない」となります。

- 帰無仮説① H_0：$\beta_1=\beta_2=\cdots=\beta_m$；すべての（偏）回帰係数が0である
- 帰無仮説② 当該の（偏）回帰係数が0である
- 対立仮説① ある（偏）回帰係数が0でない
- 対立仮説② 当該の（偏）回帰係数が0でない

なお、SPSSでのベイズ法による回帰分析では、ベイズ因子によって帰無仮説①は検討しますが、帰無仮説②は検討しないことに注意してください。帰無仮説②は、偏回帰係数の事後分布の95%信用区間が0と重なるか否かで検討します。

13.1.5 ベイズ法による回帰分析

ここではベイズ法による重回帰分析について説明します。重回帰モデル

$$y_i=a+b_1x_{i1}+b_2x_{i2}+\cdots+b_mx_{im}+e_i$$

について、求めるパラメータは切片a、偏回帰係数b_1、…、b_m、残差の分散σ^2となります。そのため、事後分布は

$$f(a, b_1, \cdots, b_m, \sigma^2 \mid x, y)=\frac{f(x, y \mid a, b_1, \cdots, b_m, \sigma^2)f(a, b_1, \cdots, b_m, \sigma^2)}{f(x, y)} \tag{12}$$

ベイズ因子は

$$B_{01}=\frac{f(x, y \mid H_0)}{f(x, y \mid H_1)}=\frac{f(x, y \mid b_1=b_2=\cdots=b_m=0, a, \sigma^2)}{f(x, y \mid H_1)} \tag{13}$$

となります。なお、SPSSによる回帰分析でのベイズ因子は

$$B_{10} = \frac{f(x, y \mid H_1)}{f(x, y \mid H_0)} = \frac{f(x, y \mid H_1)}{f(x, y \mid b_1 = b_2 = \cdots = b_m = 0, a, \sigma^2)} = \frac{1}{B_{01}} \tag{14}$$

が用いられます。つまり、分散分析の時と同様に、回帰分析でのベイズ因子 B_{10} は「帰無仮説に対して対立仮説がどの程度もっともらしいか」を表しています。このことを念頭に置いて、分析結果を確認しましょう。これまでと同様に、ベイズ因子として B_{01} を報告したい場合には、SPSS で得られた回帰分析でのベイズ因子の値の逆数を取りましょう。

式(14)から、切片と偏回帰係数、残差の分散の同時事前分布 $f(a, b_1, \cdots, b_m, \sigma^2)$、つまり切片と偏回帰係数、残差の分散の事前分布を決めることができます。SPSS で用いることができる事前分布として参照事前分布と共役事前分布があり、これらは一元配置分散分析の事前分布と同様のものです（p.150 を参照）。それゆえ、SPSS のデフォルトでは無情報事前分布である参照事前分布が設定されています。利用できる事前情報がない場合には、デフォルトのまま分析するとよいでしょう。もし、利用できる事前情報がある場合には、その情報に合わせて切片と偏回帰係数、残差の分散の事前分布のパラメータを変更しましょう。

また、SPSS による回帰分析では、ベイズ因子の算出方法として一元配置分散分析と同様な以下 4 つの方法を選択できます。

(1) JZS 法

SPSS のデフォルトの方法です。Zellner-Siow の方法といいます。

(2) ゼルナー法

ゼルナーの g 事前分布（0 より大きい値）を設定して、ベイズ因子を算出します。

(3) 超事前分布法

逆ガンマ分布の形状パラメータ（0 より大きい値）を設定して、ベイズ因子を算出します。なお、デフォルトの形状パラメータの値は 3 になっています。

(4) Rouder 法

逆ガンマ分布の尺度パラメータ（0 より大きい値）を設定して、ベイズ因子を算出します。なお、デフォルトの尺度パラメータの値は 1 となっています。

基本的には、SPSS のデフォルトである（1）Zellner-Siow の方法を用いるとよいでしょう。

事前に活用できる情報などがある場合には、(2) から (4) の方法を用いるとよいでしょう。

13.2 SPSS による回帰分析

13.2.1 SPSS による回帰分析

今回は [回帰分析 .sav] というデータを利用します。このデータはアパートの家賃 (万円)、占有面積 (m^2)、築年数 (年) を表したものです。アパートの家賃を占有面積と築年数で予測できるのかを重回帰分析により検討します。

- 帰無仮説：占有面積と築年数の両方の偏回帰係数が 0 である。
- 対立仮説：占有面積と築年数の両方の偏回帰係数が 0 でない。

Step1 メニューバーから [分析] > [ベイズ統計] > [線型回帰] を選びます。

Step2 [線型回帰] のダイアログボックスが表示されます。

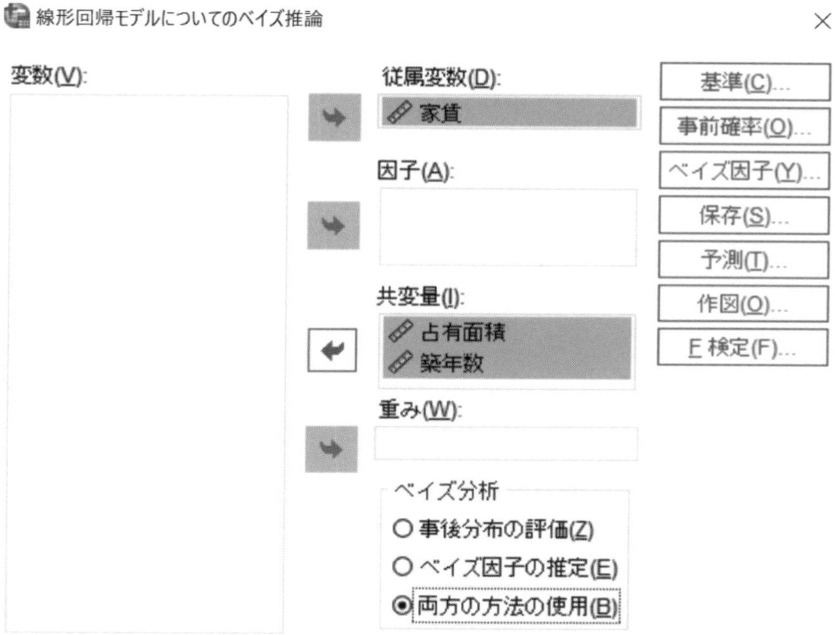

- 左側の変数リストから従属変数である［家賃］を選択し、で［従属変数］に投入します。次に、独立変数である［占有面積］と［築年数］を選択し、で［共変量］に投入します。
- 事後分布とベイズ因子の両方を求めるために、［ベイズ分析］にて［両方の方法の使用］を選択します。

Step3 事前分布を変更する場合には、［事前確率］を選びます。

今回はデフォルトである参照事前分布、つまり無情報事前分布のまま分析を進めます。事前情報がある場合には共役事前分布を選択し、パラメータの値を設定してください。

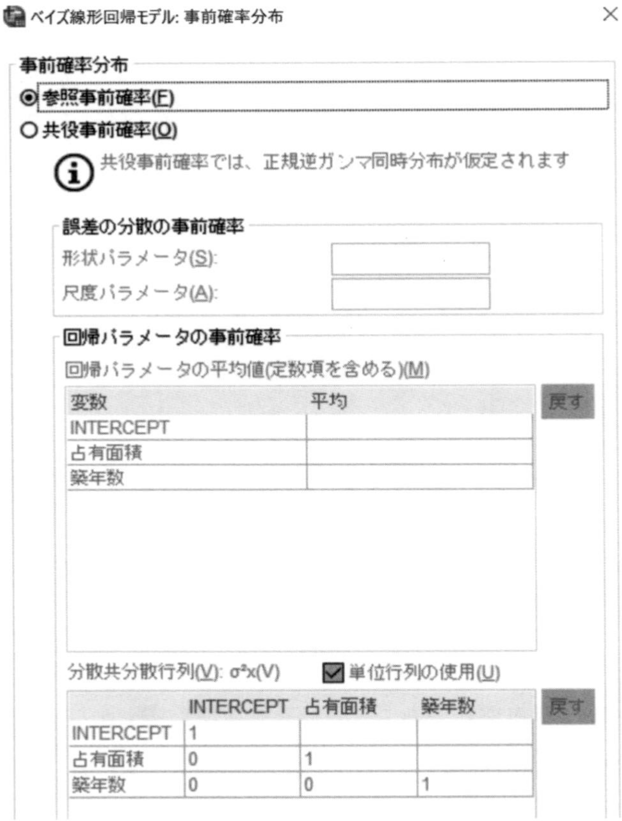

- 誤差の分散の事前確率には、事前分布として逆ガンマ分布が設定されています。利用できる事前情報に応じて、形状パラメータと尺度パラメータそれぞれの値（0より大きい値）を設定します。
- 回帰パラメータの事前確率では、平均値と分散、共分散それぞれについて事前分布を設定することができます。利用できる事前情報に応じて、それぞれに値を入力します。

Step4 ベイズ因子の算出方法を変更する場合には、［ベイズ因子］を選びます。

今回はデフォルトである JZS 法にてベイズ因子を算出します。事前情報などがあり他の方法にてベイズ因子を算出する場合には、それぞれの数値や方法に変更・選択します。

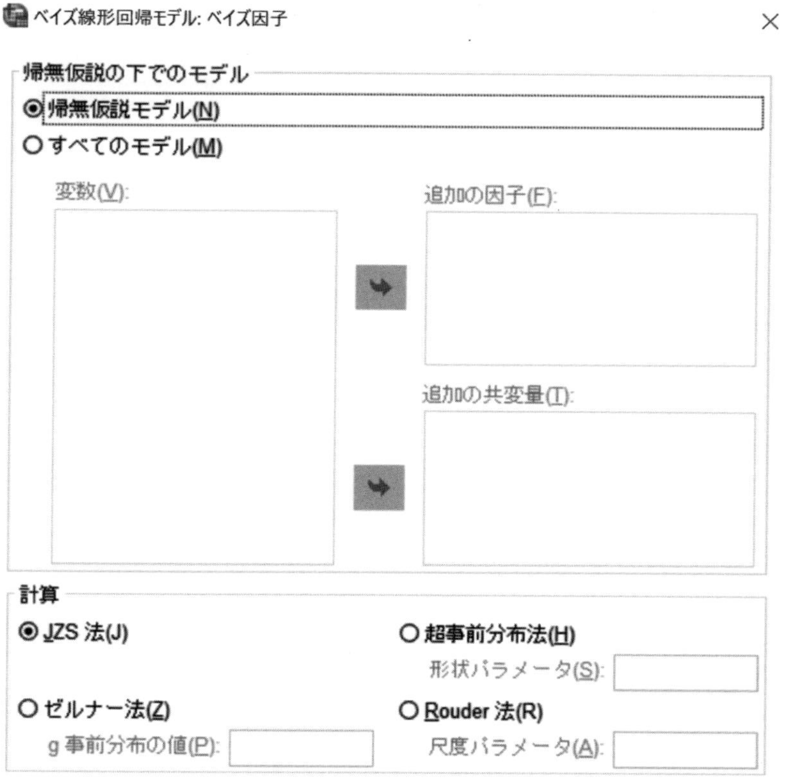

- 帰無仮説モデルとは、独立変数がない場合の回帰モデル $y_i = a + e_i$ のことです。
- 全てのモデルとは、独立変数として投入した以外の変数を帰無仮説モデルとしたものです。例えば、駅からの徒歩時間 z を投入した回帰モデル $y_i = a + b_z z_i + e_i$ を帰無仮説モデルにできます。

Step5 事前分布や事後分布、尤度に関するプロットを出力するために、[作図] を選びます。

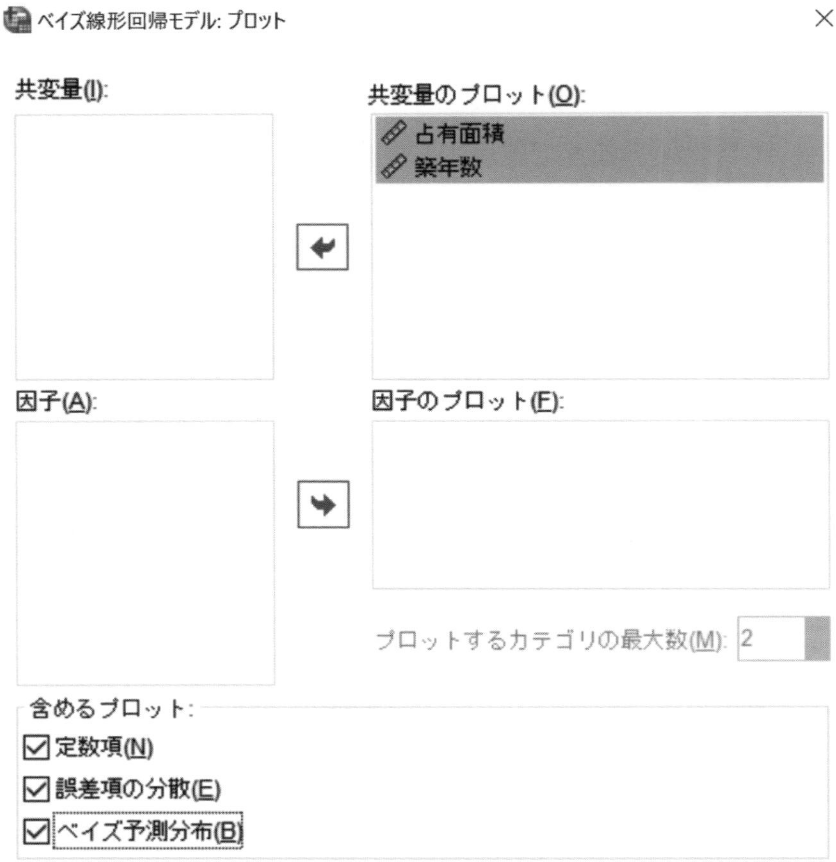

- 占有面積と築年数の偏回帰係数の事前分布や事後分布、尤度に関するプロットを出力するために、［占有面積］と［築年数］を選択し、で［共変量のプロット］に投入します。
- 切片や残差、従属変数の予測分布の事前分布や事後分布、尤度に関するプロットを出力するために、［定数項］、［誤差項の分散］、［ベイズ予測分布］それぞれにチェックをつけます。

Step6 従属変数の予測値を算出する場合には、［予測］を選びます。

ある独立変数の値に関する従属変数の予測値の分布を算出する場合には、独立変数それぞれの値を入力します。

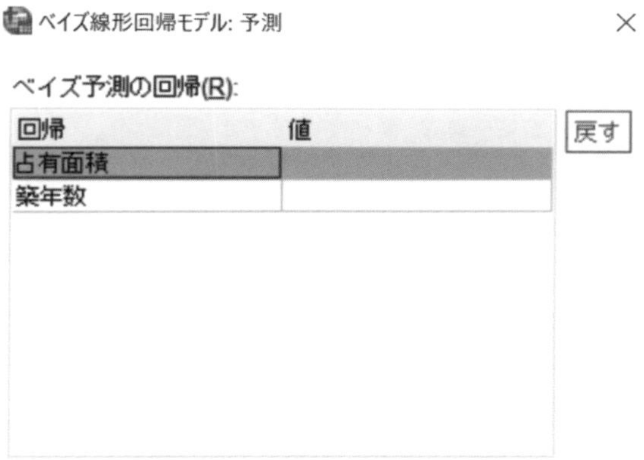

Step7 信頼区間や数値的な方法を変更する場合には、［基準］を選びます。

今回はデフォルトのまま分析を進めますが、信頼区間を 99% に変更する場合や、数値的な方法の許容度などを変更する場合には、それぞれの数値を入力します。

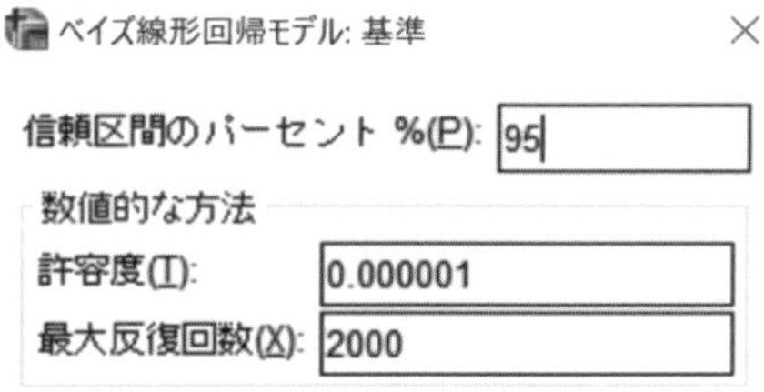

Step8 最後に［OK］を押すと結果が出力されます。

13.2.2 SPSS による回帰分析の結果確認

Step1 帰無仮説「独立変数により従属変数を予測できない」の結果を［ベイズ因子モデルの要約］にて確認します。

ベイズ因子モデルの要約a,b

ベイズ因子c	R	R2 乗	調整済み R2 乗	推定値の標準誤差
1.475E+19	.629	.396	.390	4.7382

a. 方法:JZS

b. モデル: (定数項), 占有面積, 築年数

c. ベイズ因子: 検定モデル 対 すべてのモデル (定数項)。

- ベイズ因子は $BF_{10}=1.475\text{E}+19$ という結果が得られました。$BF_{10}=1.475\text{E}+19$ は「帰無仮説に対して対立仮説は約 1.475×10^{19} 倍もっともらしい」ことを意味しています。そして、ベイズ因子は 100 より大きい値であるので、「対立仮説に対する最高レベルの証拠」が得られたと解釈します。
- 重相関係数は $R=.629$、決定係数は $R^2=.396$、自由度調整済み決定係数は adj. $R^2=.390$ という結果が得られました。adj. $R^2=.390$ は「占有面積と築年数によりアパートの家賃の 39%が予測できる」と解釈します。
- また、[ベイズ因子モデルの要約] の上に [分散分析] の結果が出力されていますが、これは p 値に基づいた仮説検定を行った結果です。今回の場合、$F(2, 197)=64.61, p<.001$ より、0.1%水準で有意差が認められたため、帰無仮説「独立変数により従属変数を予測できない」を棄却し、対立仮説「独立変数により従属変数を予測できる」を採択します。

分散分析a,b

変動要因	平方和	自由度	平均平方	F	有意
回帰	2901.245	2	1450.623	64.614	.000
残差	4422.752	197	22.451		
総合計	7323.997	199			

a. 従属変数：家賃

b. モデル: (定数項), 占有面積, 築年数

Step2 切片と偏回帰係数の事後分布を［係数のベイズ推定値］にて確認します。

係数のベイズ推定値[a,b,c]

	事後分布			95% 信用区間	
パラメータ	最頻値	平均値	分散	下限	上限
(定数項)	9.279	9.279	1.327	7.019	11.539
占有面積	.290	.290	.001	.235	.344
築年数	-.096	-.096	.001	-.145	-.048

a. 従属変数：家賃

b. モデル: (定数項), 占有面積, 築年数

c. 標準的な参照事前確率を仮定します。

- 切片と偏回帰係数について、自己分布が出力されます。例えば、占有面積の偏回帰係数の事後分布について、最頻値は MAP＝.290、平均値は EAP＝.290、分散は .001、95%信用区間は .235 から .344 という結果が得られました。また、築年数の偏回帰係数の事後分布について、最頻値は MAP＝－.096、平均値は EAP＝－.096、分散は .001、95%信用区間は－.145 から－.048 という結果が得られました。
- 占有面積と築年数の偏回帰係数とも 95%信用区間が 0 と重なっていないため、アパートの家賃に対して、占有面積は正の影響、築年数は負の影響を与えると解釈できます。

Step3 対数尤度、事前分布、事後分布を図で確認します。

対数尤度関数の結果が出力されますが、尤度関数の対数をとっただけなのでその本質が変わるということではありません。それゆえ、とくに気にせず結果を確認してください。

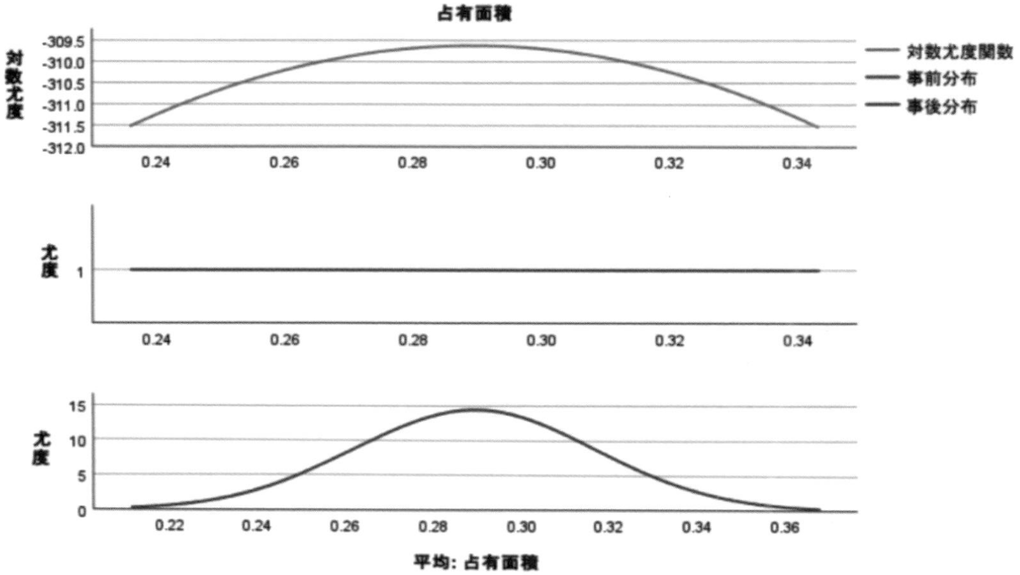

13.3 回帰分析の結果報告

本章の最後に、得られた回帰分析の結果をどのようにレポートや論文で報告するとよいかについて説明します。

ベイズ法により回帰分析を行った場合には、

- 用いたデータの概要
- 帰無仮説と対立仮説
- ベイズ因子とその評価
- 切片と（偏）回帰係数の事後分布の最頻値、平均値、信用区間、分散
- 決定係数（重回帰分析の場合には、自由度調整済み決定係数）

を報告するとよいでしょう。

報告例

アパート200部屋の家賃（万円）を占有面積（m^2）と築年数（年）により予測できるかを検討するために、帰無仮説を「占有面積と築年数の両方の偏回帰係数が0である」、対立仮説を「占有面積と築年数の両方の偏回帰係数が0でない」とした重回帰分析を行った。パラメータの事前分布にはSPSSのデフォルトであり、事前情報が希薄である参照事前分布を用いた。そして、事後分布の推定にはSPSSのデフォルトである適応ガウス・ロバート求積（許容度0.000001、最大反復回数2000）を用いた。なお、ベイズ因子はSPSSのデフォルトであるZellner-Siowの方法に基づいた。

その結果、帰無仮説に対する対立仮説のベイズ因子は$BF_{10}=1.48\times10^{19}$であったため、対立仮説に対する最高レベルの証拠が得られた。推定された切片と偏回帰係数の値を表に記す。

	MAP	EAP	95%信用区間	分散
切片	9.28	9.28	[7.02, 11.54]	1.33
占有面積	0.29	0.29	[0.24, 0.34]	0.01
築年数	−0.10	−0.10	[−0.15, −0.05]	0.01

占有面積と築年数の偏回帰係数について、事後分布の95%信用区間は0と重なっていなかったため、家賃に対して占有面積は正に、築年数は負に予測することが示された。具体的には、築年数を一定にしたとき占有面積が1 m^2大きくなると家賃が0.29万円高くなること、および占有面積を一定にしたとき築年数が1年増えると家賃が0.10万円低くなることが予測された。また、独立変数による自由度調整済み決定係数は.39であった。

13章のまとめ

■回帰分析

- 回帰分析：ある変数から他の変数を予測する、あるいは説明する分析のことです。
- 独立変数（説明変数）：回帰分析において予測や説明するのに用いる変数です。
- 従属変数（被説明変数）：予測や説明される変数です。
- 単回帰分析：独立変数が１つの場合の回帰分析です。
- 重回帰分析：独立変数が２つ以上の場合の回帰分析です。
- 回帰係数：独立変数が１単位変化したときの従属変数の変化量です。
- 決定係数（R^2 値）：独立変数が従属変数の散らばりを予測する割合です。
- 偏回帰係数：他の独立変数の値を一定にしたときに、独立変数が１単位変化したときの従属変数の変化量です。
- 自由度調整済み決定係数：独立変数の数を補正した決定係数です。
- 帰無仮説①：すべての（偏）回帰係数が０である
- 帰無仮説②：当該の（偏）回帰係数が０である
- 対立仮説①：ある（偏）回帰係数が０でない
- 対立仮説②：当該の（偏）回帰係数が０でない

■回帰分析に対するベイズ的アプローチ

- 切片と偏回帰係数、残差の分散の事前分布には様々なものがあります。無情報事前分布を用いる場合には、SPSS のデフォルトである参照事前分布を用いるとよいです。
- ベイズ因子の算出方法として、JZS 法（Zellner-Siow の方法）、ゼルナー法、超事前分布法、Rouder 法があります。事前情報がない場合には、SPSS のデフォルトである JZS 法（Zellner-Siow の方法）を用いるとよいです。

第14章

対数線型モデル

連関が認められるかを検討する手法である「対数線型モデル」について学習します。

キーワード：連関、対数線型モデル、交互作用

14.1　対数線型モデル

14.1.1　連関

9章で説明したように、**連関**とは2つの質的データの関係のことです。質的データでは四則演算ができないため、その度数に着目します。そのため、連関とは、質的データの組み合わせによって度数の大小が異なるのか否かということを意味しています。連関の例を示すと、次のようなものがあります。

- 居住地区（A、B、C）によって年齢層（20代、30代、40代、50代、60代）が異なる。
- 性別によって、好きなケーキ（ショートケーキ、チーズケーキ、ザッハトルテ、抹茶ケーキ）が異なる。

連関を直感的に把握する方法として、**分割表**を用いる方法があります。 分割表とは、あるデータの回答を別のデータの回答ごとに集計した表のことであり、世間ではクロス集計表やクロス表と呼ばれているものです。先の例の分割表として、次の結果が得られたとしましょう。

地区＼年齢層	20 代	30 代	40 代	50 代	60 代
A	15	17	10	5	5
B	10	8	9	18	6
C	5	5	11	7	19

性別＼ケーキ	ショートケーキ	チーズケーキ	ザッハトルテ	抹茶ケーキ
男性	20	15	30	35
女性	25	25	35	15

分割表から、前者の例ではAは20代と30代、Bは50代、Cは60代が多いことが読み取れます。また、後者の例では男性は抹茶ケーキが多く、女性は抹茶ケーキが少ないことが読み取れます。しかし、このように分割表から読み取れた連関は、必然的にではなく偶発的に生じたものかもしれません。そのため、連関が必然的なものか否かを統計学の観点から検討する必要があります。

14.1.2 対数線型モデル

対数線型モデルとは、分割表から得られる数値をもとに連関が必然的なものか否かを検討する方法です。対数線型モデルの概要説明するために、2つの質的なデータA（rカテゴリー）とB（cカテゴリー）の分割表を用います。

	B_1	B_2	$\cdots$	B_j	$\cdots$	B_c	計
A_1	n_{11}	n_{12}	$\cdots$	n_{1j}	$\cdots$	n_{1c}	$n_{1\cdot}$
A_2	n_{21}	n_{22}	$\cdots$	n_{2j}	$\cdots$	n_{2c}	$n_{2\cdot}$
$\cdots$	$\cdots$	$\cdots$	$\cdots$	$\cdots$	$\cdots$	$\cdots$	$\cdots$
A_i	n_{i1}	n_{i2}	$\cdots$	n_{ij}	$\cdots$	n_{ic}	$n_{i\cdot}$
$\cdots$	$\cdots$	$\cdots$	$\cdots$	$\cdots$	$\cdots$	$\cdots$	$\cdots$
A_r	n_{r1}	n_{r2}	$\cdots$	n_{rj}	$\cdots$	n_{rc}	$n_{r\cdot}$
計	$n_{\cdot 1}$	$n_{\cdot 2}$	$\cdots$	$n_{\cdot j}$	$\cdots$	$n_{\cdot c}$	$n_{\cdot\cdot}$

このように、r 行 c 列からなる分割表を $r \times c$ 分割表と言います。この $r \times c$ 分割表では、

- n_{ij}（$i=1, 2, \cdots, r$; $j=1, 2, \cdots, c$）：i 行 j 列のセルの観測された度数（観測値）
- $n_{\cdot j}$（$j=1, 2, \cdots, c$）：j 列目の総和
- $n_{i\cdot}$（$i=1, 2, \cdots, r$）：i 行目の総和
- $n_{\cdot\cdot}$：分割表の総和

を表しています。

まず、A と B に連関がない場合の対数線型モデルを検討します。このとき、i 行 j 列のセルに観測が期待される度数（期待値）は、

$$E_{ij} = n_{\cdot\cdot} \times \frac{n_{i\cdot}}{n_{\cdot\cdot}} \times \frac{n_{\cdot j}}{n_{\cdot\cdot}} = \frac{n_{i\cdot}\, n_{\cdot j}}{n_{\cdot\cdot}} \tag{1}$$

となります。式(1)の両辺に自然対数をとると、

$$\log E_{ij} = -\log n_{\cdot\cdot} + \log n_{i\cdot} + \log n_{\cdot j} \tag{2}$$

となります。ここで、

- $\log n_{\cdot\cdot} = \lambda$：分割表の総和の効果（全平均効果）
- $\log n_{i\cdot} - \lambda = \lambda_i^A$：A が i 行の効果を表すパラメータ
- $\log n_{\cdot j} - \lambda = \lambda_j^B$：B が j 列の効果を表すパラメータ

として、式(2)を変形すると、

$$\log E_{ij} = \log n_{..} + (\log n_{i.} - \log n_{..}) + (\log n_{.j} - \log n_{..})$$
$$\log E_{ij} = \lambda + \lambda_i^A + \lambda_j^B \tag{3}$$

となります。式(3)のことを**独立モデル**といい、AとBに連関がない場合の対数線型モデルを表しています。なお、λ_i^Aとλ_j^Bは全平均効果を引いたパラメータとなっているので、それぞれの効果の和は0となります。つまり、

$$\sum_i \lambda_i^A = \sum_j \lambda_j^B = 0 \tag{4}$$

となります。

独立モデルを踏まえて、AとBに連関がある場合の対数線型モデルを検討します。このとき、i行j列のセルの期待値はn_{ij}となります。AとBに連関が認められるということは、AとBの組み合わせ、つまり**交互作用の効果**を独立モデルに加えればよいことになります。そこで、AとBの交互作用効果を表すパラメータをλ_{ij}^{AB}とすると、AとBに連関がある場合の対数線型モデルは、

$$\log n_{ij} = \lambda + \lambda_i^A + \lambda_j^B + \lambda_{ij}^{AB} \tag{5}$$

となり、**飽和モデル**といいます。式(5)から、AとBの交互作用効果は

$$\lambda_{ij}^{AB} = \log n_{ij} - \lambda - \lambda_i^A - \lambda_j^B \tag{6}$$

と表せます。AとBの交互作用効果は全平均とA、Bの効果を引いたパラメータとなっているので、i行とj列における交互作用効果の総和はそれぞれ0となります。つまり、

$$\sum_i \lambda_{ij}^{AB} = \sum_j \lambda_{ij}^{AB} = 0 \tag{7}$$

となります。(4) と (7) とも0であるので、これらをまとめて、

$$\sum_i \lambda_i^A = \sum_j \lambda_j^B = \sum_i \lambda_{ij}^{AB} = \sum_j \lambda_{ij}^{AB} = 0 \tag{8}$$

と表します。式(8)は、連関がある場合の対数線型モデル、つまり飽和モデルにおける制約条件と呼ばれることがあります。

14.1.3 対数線型モデルの帰無仮説と対立仮説

対数線型モデルでは、飽和モデルに焦点をあてて、２つの質的なデータに連関があるか否かを検討します。そのため、帰無仮説を「交互作用効果が０である（H_0：$\lambda_{ij}^{AB}=0$）」、対立仮説を「交互作用効果が０ではない（H_1：$\lambda_{ij}^{AB}\neq 0$）」とします。

帰無仮説：H_0：$\lambda_{ij}^{AB}=0$；交互作用効果は０である（独立である）

対立仮説：H_1：$\lambda_{ij}^{AB}\neq 0$；交互作用効果は０でない（連関がある）

14.1.4 ベイズ法による対数線型モデル

２つの質的なデータ A（r カテゴリー）と B（c カテゴリー）の $r\times c$ 分割表について、

$$y=\begin{pmatrix} n_{11} & \cdots & n_{1c} \\ \vdots & \ddots & \vdots \\ n_{r1} & \cdots & n_{rc} \end{pmatrix} \tag{9}$$

とデータを行列形式で表します。そして、２つの質的なデータの飽和モデルについて求める母数は $\lambda_i^A, \lambda_j^B, \lambda_{ij}^{AB}$ ですので、事後分布は、

$$f(\lambda_i^A, \lambda_j^B, \lambda_{ij}^{AB}\,|\,y)=\frac{f(y\,|\,\lambda_i^A, \lambda_j^B, \lambda_{ij}^{AB})f(\lambda_i^A, \lambda_j^B, \lambda_{ij}^{AB})}{f(y)} \tag{10}$$

ベイズ因子は

$$B_{01}=\frac{f(y\,|\,H_0)}{f(y\,|\,H_1)}=\frac{f(y\,|\,\lambda_i^A, \lambda_j^B, \lambda_{ij}^{AB}=0)}{f(y\,|\,H_1)} \tag{11}$$

となります。SPSSでは、交互作用効果 λ_{ij}^{AB} の事後分布とベイズ因子 B_{01} を求めます。

式(10)から、母数は λ_i^A, λ_j^B, λ_{ij}^{AB} の事後分布を求めるには、母数は λ_i^A, λ_j^B, λ_{ij}^{AB} の同時事前分布 $f(\lambda_i^A, \lambda_j^B, \lambda_{ij}^{AB})$ を決める必要があります。事前分布は、以下の表にまとめたサンプリング方法により異なります。

ベイズ因子はデータのサンプリング方法に応じて、算出することができます。利用できる事前情報がない場合には、データのサンプリング方法を確認した上で、デフォルトであるガンマ分布を事前分布とし、ベイズ因子を求めるとよいでしょう。利用できる事前情報がある場合には、その情報に合わせて、ガンマ分布の形状あるいは尺度パラメータを変更しましょう。

サンプリング方法	事前分布	特　　徴
Poisson モデル データの総数を事前に決めずに、データを集めるものです。データがポアソン分布に従うことを想定します。	ガンマ分布 【デフォルト】	ガンマ分布の形状パラメータ a と尺度パラメータ b を設定します。デフォルトでは、形状パラメータ $a=1$、尺度パラメータは自動的に計算されるようになっています。なお、 $b=\frac{(\text{行数})\times(\text{列数})\times a}{(\text{データの総数})}$ の使用が推奨されています。
多項式モデル データの総数、行または列のデータ数を決めた上で、データを集めるものです。データが多項分布に従うことを想定します。	共役事前分布 （ガンマ分布） 【デフォルト】	ガンマ分布の形状パラメータ a と尺度パラメータ b を設定します。デフォルトでは、形状パラメータ $a=1$ となっています。多項式モデルでは、尺度パラメータは意味をなさないので、設定しません。
	混合ディリクレ分布	パラメータが1つのディリクレ分布に従う多項分布が、複数混合した分布です。なお、分析者はパラメータを設定できません。
	固有分布	データの一部を事後分布、残りを正則な事前分布としたものです。

ノンパラメトリックモデル データが特定の分布に従うことを想定しません。	ディリクレ分布	行または列の数が２の場合にのみ、使用することができます。

14.2　SPSS による対数線型モデル

14.2.1　SPSS による対数線型モデル

今回は［対数線型モデル .sav］というデータを利用します。このデータは 20 代から 60 代の人それぞれ 30 人に居住地区（A ～ C）を尋ねたものです。結果は下表のようになりました。このデータから、年齢層と居住地区には連関が認められるかを対数線型モデルにより検討します。なお、今回のデータでは年齢層ごとの人数を事前に決めているので、サンプリング方法が多項式モデルに基づくことに注意しましょう。

年齢層／地区	20 代	30 代	40 代	50 代	60 代
A	15	17	10	5	5
B	10	8	9	18	6
C	5	5	11	7	19

- 帰無仮説：年齢層と居住地区は独立である（交互作用効果は 0 である）
- 対立仮説：年齢層と居住地区は連関がある（交互作用効果は 0 でない）

Step1　メニューバーから［分析］＞［ベイズ統計］＞［対数線型モデル］を選びます。

Step2［対数線型モデル］のダイアログボックスが表示されます。

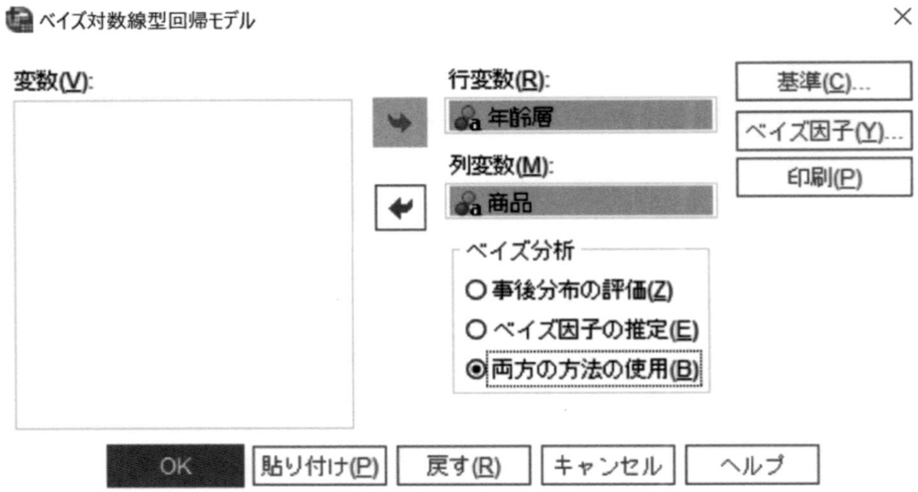

- 左側の変数リストから対数線型モデルで連関を検討する［年齢層］と［商品］を選択し、でそれぞれを［行変数］と［列変数］に投入します。なお、［行変数］と［列変数］を逆にしても同様の結果が得られます。
- 交互作用効果の事後分布とベイズ因子の両方を求めるために、［ベイズ分析］にて［両方の方法の使用］を選択します。

Step3 ベイズ因子の算出方法を変更する場合には、［ベイズ因子］を選びます。

今回は各年齢層 30 人ずつに調査を行っているので、［多項式モデル］を選択します。そして、年齢層は行に設定されているので［固定マージン］にて［行合計］を選択します。

また、ベイズ因子の算出にはデフォルトの事前分布である共役事前分布（ガンマ分布）を用います。今回はデフォルトのまま分析を進めますが、セルごとに形状パラメータ a を設定することができます。

Step4 信用区間や数値的な方法を変更する場合には、［基準］を選びます。

今回はデフォルトのまま分析を進めますが、信用区間を99%に変更する場合や、数値的な方法でカスタムシードや許容度などを変更する場合には、それぞれの数値を入力します。

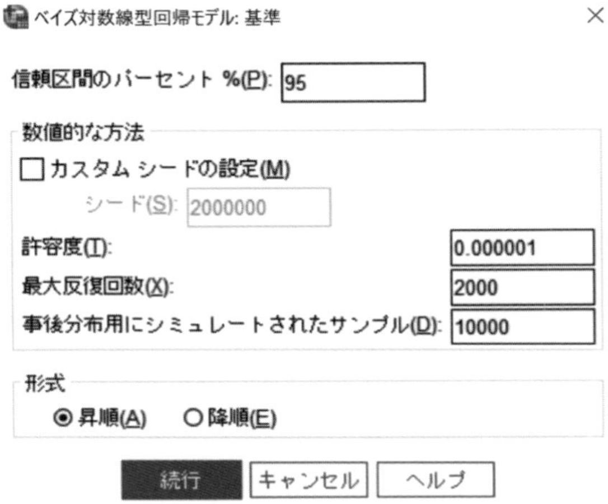

Step5 期待度数やパーセンテージを出力する場合には、［印刷］を選びます。

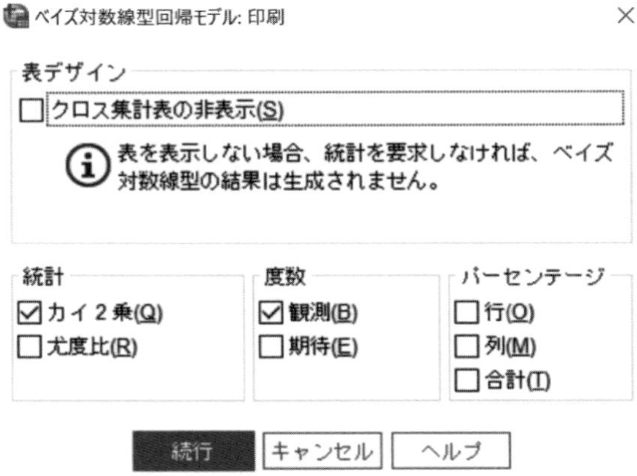

Step6 最後に［OK］を押すと結果が出力されます。

14.2.2 SPSSによる対数線型モデルの結果確認

Step1 分割表を［クロス表］にて確認します。

クロス表

			商品 A	商品 B	商品 C	総合計
年齢層	20代	度数	15	10	5	30
	30代	度数	17	8	5	30
	40代	度数	10	9	11	30
	50代	度数	5	18	7	30
	60代	度数	5	6	19	30
総合計		度数	52	51	47	150

Step2 ベイズ因子を［独立性の検定］にて確認します。

独立性の検定[a]

	値	自由度	漸近有意確率(両側)
ベイズ因子	.001[b]		
Pearson のカイ 2 乗	34.968[c]	8	.000

a. 分割表では行合計が固定されています。

b. この分析では、独立性とアソシエーションを検定し、モデル 多項 と 事前確率共役 を仮定します。

c. 0 セル (0.0%) は期待度数が 5 未満です。最小期待度数は 9.400 です。

- ベイズ因子は $BF_{01} = .001$ という結果が得られました。$BF_{01} = .001$ は「対立仮説に対して帰無仮説は約 0.001 倍もっともらしい」ことを意味しています。ベイズ因子は 1/100 より小さい値であるので、「対立仮説に対する最高レベルの証拠」が得られたと解釈します。
- Pearson のカイ２乗の行は、p 値に基づいた仮説検定であるカイ２乗検定の結果です。今回の場合は $\chi^2(8) = 34.968,\ p < .001$ より、帰無仮説「年齢層と居住地区は独立である」を棄却し、対立仮説「年齢層と居住地区は連関がある」を採択します。

Step3 交互作用効果の事後分布を［シミュレートした交互作用の事後分布］にて確認します。

シミュレートした交互作用の事後分布評価[a,b]

	事後分布			95% 同時信用区間		
交互作用	中央値	平均値	分散	下限	上限	0 を含むかどうか
20代, A	2.283	2.301	.462	.557	4.245	いいえ
20代, B	1.735	1.748	.480	-.074	3.693	はい
30代, A	2.402	2.422	.485	.632	4.449	いいえ
30代, B	1.525	1.532	.494	-.373	3.559	はい
40代, A	1.159	1.179	.420	-.531	3.070	はい
40代, B	.903	.908	.388	-.825	2.697	はい
50代, A	.942	.953	.559	-1.037	3.019	はい
50代, B	1.985	2.000	.387	.371	3.856	いいえ

a. 分析で独立多項式モデルを仮定します。

b. シード: 599767049. シミュレートされた事後分布サンプルの数: 10000。

- 95%同時信用区間の［0 を含むかどうか］が「いいえ」の場合に、交互作用が認められたと判断します。今回の場合には、20 代×A、30 代×A、50 代×B の交互作用が認められたと考えます。
- 交互作用の解釈について、20 代×A を例に説明します。20 代×A の交互作用効果の事後分布の中央値は 2.283、平均値は 2.301、分散は .462、95%信用区間は .557 から 4.245 という結果が得られました。この結果は、［シミュレートした交互作用の事後分布評価］で表示されていない「60 代」と「C」を基準にした上での交互作用効果を表しています。それゆえ、「20 代の人は C よりも A が多い」あるいは「A は 60 代よりも 20 代が多い」と解釈します。

14.3 対数線型モデルの結果報告

本章の最後に、得られた回帰分析の結果をどのようにレポートや論文で報告するとよいかについて説明します。

ベイズ法により対数線型モデルを行った場合には、

- 用いたデータの概要
- 帰無仮説と対立仮説
- ベイズ因子とその評価
- 交互作用効果の事後分布の中央値と平均値、分散、95%信用区間

報告例

居住地区（A ～ C）によって年齢層が異なるのかを検討するために、20 代から 60 代の人それぞれ 30 人に居住地区を尋ねた。帰無仮説を「年齢層と居住地区は独立である」、対立仮説を「年齢層と居住地区は連関がある」とした対数線型モデルによる分析を行った。ベイズ因子は多項式モデルにおける共役事前分布（ガンマ分布；尺度パラメータ 1）により算出した。そして、事後分布の推定には SPSS のデフォルトである適応ガウス・ロバート求積（許容度 0.000001、最大反復回数 2000）を用いた。

その結果、対立仮説に対する帰無仮説のベイズ因子は BF_{01} =.001 であったため、対立仮説に対する最高レベルの証拠が得られた。推定された交互作用の事後分布を表に記す。

交互作用	中央値	平均値	分散	95%信用区間
20 代× A	2.28	2.30	0.46	[0.56, 4.25]
20 代× B	1.73	1.75	0.48	[−0.07, 3.69]
30 代× A	2.40	2.42	0.48	[0.63, 4.45]
30 代× B	1.53	1.53	0.49	[−0.37, 3.56]
40 代× A	1.16	1.18	0.42	[−0.53, 3.07]
40 代× B	0.90	0.91	0.39	[−0.83, 2.70]
50 代× A	0.94	0.95	0.56	[−1.04, 3.02]
50 代× B	1.99	2.00	0.39	[0.37, 3.86]

20 代×A、30 代×A、50 代×B の交互作用について、事後分布の 95%信用区間は 0 を含んでいなかったため、居住地区 A では 60 代よりも 20 代と 30 代が多く、居住地区 B では 60 代よりも 50 代が多いことが示された。

14章のまとめ

■対数線型モデル

- 対数線型モデル：分割表から得られる数値をもとに連関が必然的なものか否かを検討する方法です。
- 帰無仮説：2つの質的データは独立である（交互作用効果は0である）
- 対立仮説：2つの質的データは連関がある（交互作用効果は0でない）

■ベイズ法による対数線型モデル

- 事前分布とベイズ因子の算出方法はデータのサンプリング方法に基づき決定します。
  - ▶ Poisson モデル：データの総数を事前に決めずに、データを集めるものです。データがポアソン分布に従うことを想定します。事前分布として、ガンマ分布を使用できます。
  - ▶ 多項式モデル：データの総数、行または列のデータ数を決めた上で、データを集めるものです。データが多項分布に従うことを想定します。事前分布として、ガンマ分布、混合ディリクレ分布、固有分布を使用できます。事前情報がない場合には、デフォルトであるガンマ分布を使用するとよいでしょう。
  - ▶ ノンパラメトリックモデル：データが特定の分布に従うことを想定しません。事前分布として、ディリクレ分布を使用できます。
- 95%信用区間が0を含んでいない場合には、交互作用が認められると判断します。そして、その解釈は表中にないカテゴリーを基準とした上での交互作用であることに注意しましょう。

参考文献

馬場真哉（2019）R と Stan ではじめるベイズ統計モデリングによるデータ分析入門，講談社．

Dey, D. K. and Rao, C. R.（2011）繁桝算男，岸野洋久，大森裕浩（監訳）ベイズ統計ハンドブック，朝倉書店．

南風原朝和（2002）心理統計学の基礎：統合的理解のために，有斐閣アルマ．

南風原朝和（2014）続・心理統計学の基礎：統合的理解を広げ深める，有斐閣アルマ．

浜田宏，石田淳，清水裕士（2019）社会科学のためのベイズ統計モデリング．

鎌谷研吾，駒木文保（2020）モンテカルロ統計計算，講談社．

Jamil, T., Ly, A., Morey, R. D., Love, J., Marsman, M., & Wagenmakers, E. J.（2017）. Default "Gunel and Dickey" Bayes factors for contingency tables. Behavior research methods, 49(2), 638–652.

Kruschke, J. K.（2017）前田和寛，小杉考司（監訳）ベイズ統計モデリング：R，JAGS, Stan によるチュートリアル，共立出版．

Lee, M. D., & Wagenmakers, E.-J.（2013）. Bayesian cognitive modeling: A practical course. Cambridge University Press.

Lesaffre, E. and Lawson, A. B.（2016）宮岡悦良（監訳）医薬データ解析のためのベイズ統計学．

松浦健太郎（2016）Stan と R でベイズ統計モデリング，共立出版．

永田靖（1992）入門統計解析法，日科技連．

岡田謙介（2018）ベイズファクターによる心理学的仮説・モデルの評価，心理学評論，61(1), 101-115.

Rouder, J. N., Morey, R. D., Speckman, P. L., & Province, J. M.（2012）. Default Bayes factors for ANOVA designs. Journal of mathematical psychology, 56(5), 356-374.

Schisterman, E. F., Moysich, K. B., England, L. J., & Rao, M.（2003）. Estimation of the correlation coefficient using the Bayesian Approach and its applications for epidemiologic research. BMC medical research methodology, 3, 5.

繁桝算男（1985）ベイズ統計入門，統計大学出版会.

清水優菜，山本光（2020）研究に役立つ JASP によるデータ分析：頻度論的統計とベイズ統計を用いて，コロナ社.

須山淳志（2017）ベイズ推論による機械学習入門，講談社.

渡部洋（1999）ベイズ統計学入門，福村出版.

Wetzels, R., & Wagenmakers, E.-J. (2012). A default Bayesian hypothesis test for correlations and partial correlations. Psychonomic Bulletin & Review, 19(6), 1057–1064.

索　引

■著者紹介

清水優菜（しみず　ゆうの）

兵庫教育大学先端教職課程カリキュラム開発センター助教

略歴：慶應義塾大学大学院社会学研究科博士課程単位取得退学。2022 年度より現職。

専門：科学教育、教育測定

主な著書：『研究に役立つ JASP によるデータ分析：頻度論的統計とベイズ統計を用いて』（共著、コロナ社）

『研究に役立つ JASP による多変量解析：因子分析から構造方程式モデリングまで』（共著、コロナ社）

山本　光（やまもと　こう）

横浜国立大学教育学部教授

略歴：横浜国立大学大学院教育学研究科修了。2019 年より現職。

専門：教育データ分析、情報教育

主な著書：『研究に役立つ JASP によるデータ分析：頻度論的統計とベイズ統計を用いて』（共著、コロナ社）

『スクラッチプログラミングの図鑑』（分担執筆、技術評論社）

『例から学ぶ微分積分』（分担執筆、共立出版）

カバー・表紙デザイン：高橋 敦

SPSS《えすぴーえすえす》で学《まな》ぶベイズ統計入門《とうけいにゅうもん》

2022年 9 月25日　第 1 刷発行

著　者　清水優菜・山本　光

発行所　　東京図書株式会社
〒 102-0072　東京都千代田区飯田橋 3-11-19
振替 00140-4-13803　電話 03(3288)9461
http://www.tokyo-tosho.co.jp/

ISBN 978-4-489-02392-7